LE CLONAGE
FANTASMES ET RÉALITÉS

BERTRAND JORDAN

LES ESSENTIELS MILAN

Sommaire

Les mots suivis d'un astérisque (*) sont expliqués dans le glossaire.

Le clonage à l'ordre du jour

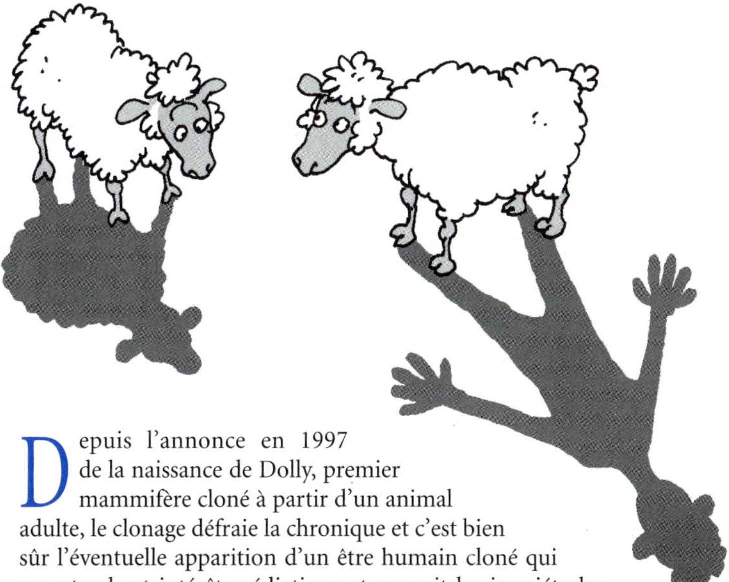

Depuis l'annonce en 1997 de la naissance de Dolly, premier mammifère cloné à partir d'un animal adulte, le clonage défraie la chronique et c'est bien sûr l'éventuelle apparition d'un être humain cloné qui sous-tend cet intérêt médiatique et nourrit les inquiétudes. Le sujet n'est pas simple et sa couverture par les médias comporte de nombreuses confusions entre les espoirs, les craintes et la réalité technique et scientifique. En fait, malgré les annonces fantaisistes de quelques illuminés, le clonage d'êtres humains est pour le moment de l'ordre du fantasme. En revanche, une douzaine d'espèces animales ont pu être clonées et c'est en examinant ces expériences que l'on peut comprendre les possibilités et les limites actuelles du procédé. Nous y consacrons donc une bonne moitié de cet ouvrage et indiquons les applications commerciales qui motivent beaucoup de travaux. Viennent ensuite les perspectives et les tentatives sur l'homme – sans oublier le sujet important du clonage dit thérapeutique. Les aspects éthiques et législatifs, enfin, sont abordés sans dogmatisme. Cet ouvrage fournit ainsi, de manière concise, les éléments qui permettront à chacun de se faire une opinion sur le sujet, et les pistes pour l'approfondir si nécessaire.

Les gènes et l'ADN

L'ADN, molécule très résistante

Contrairement aux protéines, qui sont facilement détruites par la chaleur ou l'acidité, l'ADN est une molécule très stable, au point que l'on peut en retrouver des fragments dans des fossiles vieux de dizaines de milliers d'années.

Comment est assurée la conservation des informations génétiques qui permettent la construction et le fonctionnement d'un organisme ? Ce sont les gènes, inscrits dans l'ADN, qui jouent ce rôle.

Les protéines, outil essentiel

Les êtres vivants existent grâce aux protéines, qui assurent les fonctions nécessaires à la vie des cellules et des organismes : enzymes qui assimilent la nourriture ou dégradent les déchets, hémoglobines qui transportent l'oxygène... ce sont toutes des protéines. Elles sont formées par un assemblage linéaire de centaines d'acides aminés*, dont il existe 20 variétés. Leurs tailles, formes et activités sont très variées.

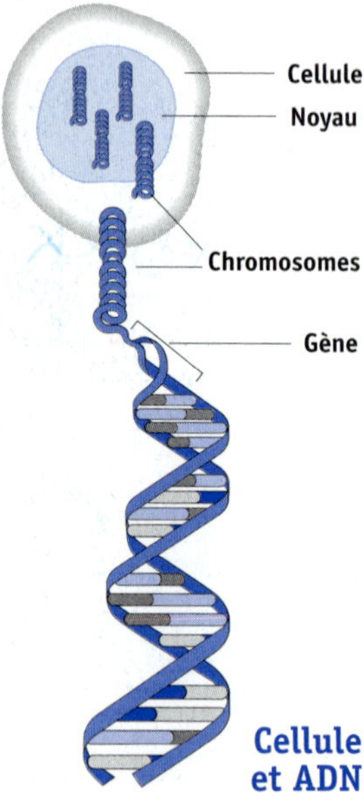

Cellule et ADN

L'ADN contient l'information

L'ADN* est composé d'une suite de nucléotides*, qui sont de 4 types : T, A, G ou C. Il contient la formule des protéines, selon un code : ATG signifie l'acide aminé « méthionine », GGG l'acide aminé « glycine », etc. Quelques milliers de lettres successives constituent un gène* qui définit la structure d'une protéine. L'ADN est contenu dans le noyau de la cellule, replié de manière compacte pour former les chromosomes*.

Lorsqu'une cellule se divise, chacune des deux chaînes dont il est formé (la « double hélice ») est recopiée.

Chaque cellule du corps contient l'ensemble de l'ADN, la totalité du patrimoine génétique.

Mécanisme de l'expression des gènes

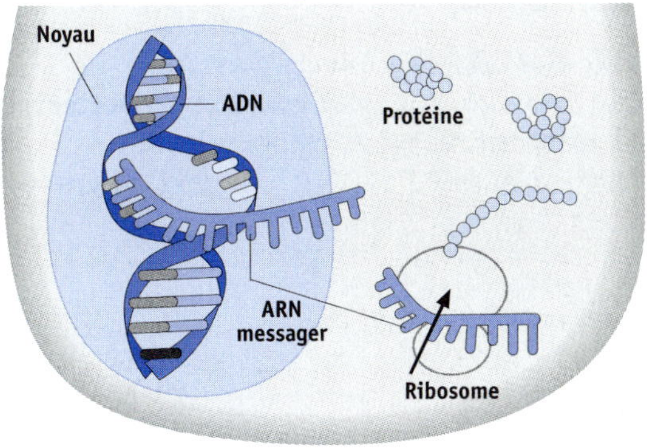

L'ADN ne détermine pas tout

Le phénotype* (l'apparence, l'état de santé, les performances...) d'un organisme n'est pas totalement déterminé par l'ADN : les circonstances de la gestation, l'environnement après la naissance jouent aussi un grand rôle, surtout pour l'espèce humaine.

La lecture de l'ADN

Pour fabriquer une protéine, la cellule commence par faire une copie de travail du gène, un ARN messager*, qui sort ensuite du noyau et, dans le cytoplasme*, est lu par les ribosomes*. Ces derniers insèrent les différents acides aminés dans la protéine, selon l'ordre indiqué par l'ARN messager. C'est ainsi que chaque cellule fabrique les protéines dont elle a besoin ; c'est aussi grâce à cet ensemble d'informations que l'embryon construit un organisme.

Un mécanisme universel qui permet l'évolution

L'ADN d'un éléphant ne peut donner naissance qu'à un éléphant, pas à un homme ni à une brebis, mais le mécanisme est le même pour tous les êtres vivants. Parfois une erreur se produit dans la copie de l'ADN : c'est une mutation. La plupart n'ont pas d'effet ; quelques-unes rendent un gène ou une protéine inactifs, ce qui handicape leur porteur. Certaines au contraire améliorent les performances de l'organisme dans le milieu auquel il est confronté : c'est ainsi que les espèces peuvent évoluer.

L'ADN contient l'information nécessaire à la construction et au fonctionnement de l'organisme ; sa duplication et sa mise en œuvre sont assurées par des mécanismes précis et complexes.

Parents, enfants, jumeaux et clones

Pourquoi les enfants ressemblent-ils à leurs parents, tout en étant différents et uniques ? Qu'en est-il des jumeaux ou des clones ?

Les humains sont génétiquement très proches

La récente lecture des 3 milliards de lettres de l'ADN* humain montre qu'entre deux hommes pris au hasard n'existe qu'une différence toutes les 1 000 lettres environ. C'est très peu, beaucoup moins qu'entre gorilles ou chimpanzés.

Les chromosomes, les gènes et les êtres humains

Les chromosomes* portent les gènes*, dont l'ensemble constitue notre patrimoine génétique. Tous, nous avons deux jeux de chromosomes, hérités de nos deux parents. Chacun de nos gènes existe donc en deux exemplaires, un sur chacun des chromosomes concernés. Les versions de ces gènes (que l'on appelle allèles*) sont souvent légèrement différentes et le résultat, le phénotype* (couleur des yeux par exemple), dépend de ces versions. Cette diversité est moins apparente chez les animaux d'élevage, sélectionnés durant des millénaires, que chez les hommes et les femmes, mais elle est réelle chez eux aussi.

La loterie de l'hérédité

Les cellules sexuelles, elles, contiennent un seul jeu de chromosomes, et chacun d'eux est une sorte de patchwork formé à partir des deux chromosomes correspondants du père ou de la mère. L'embryon, formé par l'union de deux cellules sexuelles, contient donc, pour chaque gène, un allèle provenant du père et un autre provenant de la mère. Cet allèle (celui qui était présent dans l'ovule* ou le spermatozoïde*) est, au hasard, l'un des deux allèles parentaux. Ainsi, un enfant peut avoir les yeux bleus, parce qu'il possède deux gènes

« bleus », même si son père et sa mère ont tous deux les yeux marron. Dans ce cas en effet, chaque parent a un gène « marron » et un gène « bleu », le premier étant « dominant » par rapport au second, c'est-à-dire déterminant à lui seul la couleur de l'œil. L'enfant humain ou animal n'est donc pas un simple mélange des caractères apparents de ses parents, mais une création nouvelle, une combinaison unique et imprévisible d'allèles.

Frères, sœurs, faux et vrais jumeaux

La moitié des allèles portés par les chromosomes des frères et des sœurs sont strictement identiques (chacun d'eux ayant une chance sur deux d'hériter d'un allèle paternel ou maternel donné). C'est pareil pour deux faux jumeaux, conçus et portés en même temps par la même mère mais résultant chacun d'une fécondation distincte. Les vrais jumeaux, eux, proviennent d'un embryon unique qui s'est accidentellement séparé en deux, chaque moitié donnant naissance à un fœtus. Ils comportent donc exactement les mêmes gènes, du moins jusqu'à la naissance (quelques gènes sont ensuite modifiés au début de la vie). Ils se ressemblent beaucoup et ont souvent des traits de caractère en commun, ils n'en sont pas moins des personnes distinctes, dont l'histoire et la personnalité ne seront pas obligatoirement semblables.

Jumeaux et clones

Un clone est produit à partir d'une cellule d'un animal existant dont on injecte le noyau dans un ovule privé de ses chromosomes. Le clone est donc, du point de vue génétique, un jumeau de cet animal : il porte exactement les mêmes gènes. Mais il naît à un autre moment, est porté par une autre mère, et vivra dans un environnement distinct. Il sera donc certainement beaucoup plus différent de son « original » que ne le sont deux jumeaux, surtout s'il s'agit d'un être humain pour lequel l'environnement affectif, l'éducation et la culture jouent un rôle essentiel.

Tous cousins !

L'homogénéité de l'espèce humaine indique que nous descendons d'un petit groupe (de l'ordre de 50 000 individus) qui vivait il y a environ 100 000 ans et s'est ensuite multiplié très rapidement.

Chacun de nous porte un assortiment de gènes (plus exactement d'allèles) unique, imprévisible et qui ne sera jamais reproduit. Seuls les vrais jumeaux ont exactement les mêmes gènes, ils ne sont pourtant pas totalement identiques ; un clone humain, jumeau décalé dans le temps d'une personne existante, en différerait sans doute beaucoup plus.

Le développement de l'embryon

Comment la fusion de deux cellules sexuelles donne-t-elle naissance à un embryon, puis à un être vivant ? Comment un embryon unicellulaire peut-il devenir un organisme complexe ? C'est là le mystère du développement.

L'ADN, « maître-plan » de l'organisme ?

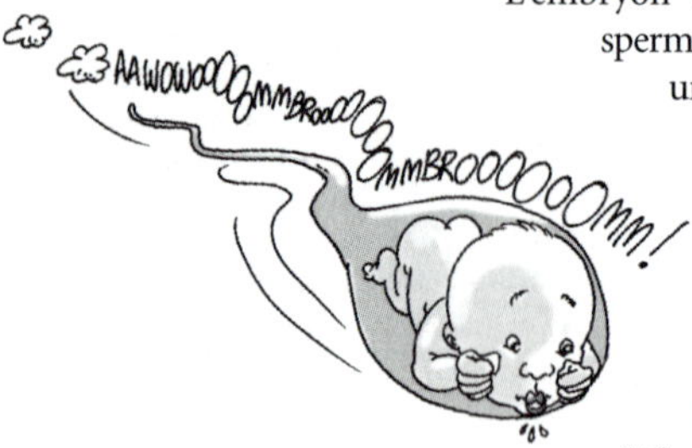

L'homoncule tapi dans le spermatozoïde

Au XVIIe siècle, on imaginait que le spermatozoïde contenait un être humain en réduction, qui n'attendait que son implantation dans le ventre d'une femme pour se développer.

L'embryon qui résulte de la fusion d'un spermatozoïde* et d'un ovule* contient un double jeu de chromosomes*, l'un provenant du père, l'autre de la mère. Le futur organisme est spécifié par l'ADN* : un ADN de chat ne dirigera pas le développement d'un embryon humain. Ainsi, les gènes* portés par l'ADN définissent l'espèce et une bonne partie des caractéristiques du futur animal. Mais le développement de l'embryon, au fur et à mesure de la gestation, fait intervenir de multiples interactions entre gènes, entre protéines et entre cellules, qui ne sont pas directement inscrites dans l'ADN. L'ADN n'est donc pas un maître-plan, un « schéma coté » de l'être à construire : c'est plutôt une suite de recettes qui, si elles sont exécutées en temps voulu et dans l'environnement adéquat, permettront cette édification. C'est tout ce processus extraordinairement complexe que cherche actuellement à comprendre la biologie.

Un ballet bien ordonné

Après la pénétration du spermatozoïde (qui contient un seul jeu de chromosomes), l'ovule fécondé possède deux jeux de chromosomes, comme toutes les cellules du corps sauf les cellules sexuelles. Il porte dans son ADN l'ensemble des informations nécessaires, mais seuls certains gènes fonctionnent, dirigent la synthèse de protéines. L'ovule se divise, forme un embryon dont les cellules, toutes équivalentes au départ, commencent à se différencier. En fonction de leur position dans l'embryon et des messages chimiques qu'elles reçoivent de leurs voisines, leur programmation est modifiée pour qu'elles expriment les gènes requis par la fonction qu'elles doivent assurer. Peu à peu s'édifient des organes, ensembles organisés de cellules différenciées.

Du pré-embryon au fœtus

Jusqu'à 14 jours, l'embryon formé de cellules indifférenciées est parfois appelé « pré-embryon » ; il se structure ensuite et des ébauches d'organes apparaissent. Vers 12 semaines, il devient un fœtus dont l'apparence se rapproche de l'humain et dont le système nerveux commence à fonctionner.

Une communauté très complexe

L'organisme construit au cours de la gestation est formé de milliards de cellules (100 000 milliards pour un être humain). Chacune conserve dans son noyau le patrimoine génétique dans son intégralité, mais n'en utilise qu'une partie : une cellule de foie fait fonctionner des gènes différents de ceux que met en œuvre une cellule nerveuse. Les mammifères ont tous à peu près le même nombre de gènes – 30 000 –, et l'on considère qu'il existe environ 300 types cellulaires différents ; chacun met en œuvre quelques milliers de gènes. La différenciation ne supprime pas des gènes (sauf exception), mais les « allume » ou les « éteint » grâce à de légères modifications chimiques qui ne changent pas le message mais bloquent ou au contraire favorisent son expression.

L'animal ou l'homme se développe à partir d'une seule cellule, grâce à l'information contenue dans l'ADN. Cette information reste présente dans toutes les cellules adultes, malgré leur spécialisation.

L'environnement, déjà...

Bien que défini par ses gènes, l'embryon est influencé par son histoire et son environnement. Certaines caractéristiques sont le résultat d'événements aléatoires survenant dans les cellules embryonnaires, par exemple la répartition des couleurs de pelage chez de nombreux mammifères. Par ailleurs, la nutrition et l'état de santé de la mère ont un retentissement direct sur les caractéristiques du nouveau-né.

La « procréatique »

Procréatique : un mot barbare qui recouvre un ensemble de pratiques parfois contestables.

L'instrumentalisation du vivant humain

La procréation humaine, autrefois naturelle et privée, indissolublement liée à la sexualité, est de plus en plus envahie par la technique. La généralisation (du moins dans les pays développés) d'une contraception efficace et facilement accessible dissocie depuis les années 1960 la sexualité de la procréation ; l'insémination artificielle avec donneur (anonyme), qui a pris son essor vers 1970, pousse encore plus loin cette logique. Le diagnostic prénatal contrôle la qualité de l'embryon et permet d'interrompre la grossesse s'il est atteint d'une maladie grave, atténuant la fatalité qui pesait sur certaines familles. La naissance en 1978 de Louise Brown, premier « bébé-éprouvette » résultant du rapprochement, en laboratoire, d'un ovule* et d'un spermatozoïde* (avant réimplantation dans l'utérus de la mère), apporte la possibilité d'une conception sans acte sexuel. Le clonage reproductif humain, s'il était techniquement possible et socialement acceptable, constituerait une conception sans fécondation et sans incertitude génétique, l'enfant étant dans ce cas l'exacte reproduction (sur le plan des gènes*) du donneur de la cellule utilisée. L'ensemble de ces techniques a été baptisé par Jacques Testart « procréatique », terme volontairement inquiétant qui souligne l'irruption de la technologie et du commerce dans la reproduction humaine.

Qu'en termes galants...
Un institut (privé) qui propose le choix du sexe de l'embryon aux États-Unis (Genetics and IVF Institute, à Fairfax, Virginie, États-Unis) baptise le procédé « Équilibrage familial » (*Gender selection for family balancing*).

Répondre à tout prix à la demande

Le désir d'enfant, composante fondamentale de la nature humaine, prend parfois une intensité extrême. Bien des praticiens sont prêts à tout pour le satisfaire, sans forcément s'entourer de toutes les garanties souhaitables. C'est ainsi que l'injection directe de spermatozoïdes dans l'ovule, procédé permettant de « forcer » la fécondation quand les spermatozoïdes sont dépourvus de mobilité, a été introduite en Belgique en 1963, puis en France, sans expérimentation animale préalable. Fort heureusement, le taux d'anomalies chez les enfants ainsi conçus ne semble pas avoir augmenté, mais cette précipitation reste assez inquiétante. Plus généralement, des demandes – certes compréhensibles sur le plan individuel – sont souvent acceptées malgré leur caractère problématique vis-à-vis du futur enfant ou leurs conséquences, si elles se généralisaient, sur l'équilibre de la société : grossesses provoquées chez des femmes de plus de 60 ans grâce à d'intenses traitements hormonaux, commerce d'ovules, recours abusif à des mères porteuses... Il apparaît que l'on se préoccupe essentiellement de répondre à la requête du couple, sans trop se demander comment l'enfant va se repérer par rapport à un schéma familial pour le moins perturbé.

Un chercheur inquiet

Jacques Testart, aujourd'hui témoin très critique du monde de la procréation médicalement assistée, fut, avec René Frydman, le « père » d'Amandine, le premier bébé-éprouvette français (1982).

Le choix du « meilleur » embryon

Après une fécondation *in vitro**, il est maintenant possible d'analyser quelques cellules de chacun des 10 ou 12 embryons obtenus afin de n'implanter, en cas de maladie génétique grave, que ceux pour lesquels le pronostic est bon. Mais, naturellement, ce procédé permet aussi de sélectionner le « meilleur » au sein d'une série d'embryons tout à fait normaux... Des cliniques privées offrent déjà, aux États-Unis, de choisir ainsi le sexe de l'enfant. Il est tout à fait imaginable que ce choix s'étende à des caractéristiques bientôt prévisibles d'après un test génétique : taille probable à l'âge adulte, masse musculaire, tendances caractérielles peut-être...

Le processus de reproduction est de plus en plus soumis à de multiples interventions, dont le clonage n'est qu'un exemple extrême, et cela suscite de légitimes inquiétudes.

Qu'est-ce qu'un clone ?

Le mot « clone », au début terme scientifique précis, peut aujourd'hui avoir plusieurs significations. Il est naturellement fondamental de bien savoir de quoi l'on parle...

Espèce et diversité génétique

Par définition, une espèce est formée d'individus dont les croisements sont féconds. Cela implique qu'ils aient le même nombre de chromosomes et les mêmes gènes dans une disposition identique, mais n'exclut pas de petites variations entre les gènes de différents individus.

Un terme de botanique

Clone vient du grec *klon*, « jeune pousse », et désigne à l'origine l'ensemble des plantes provenant de la multiplication végétative : par exemple, une série de boutures réalisées à partir d'une seule plante. Ces boutures, qui se sont développées à partir d'un petit morceau du même végétal, ont exactement le même patrimoine génétique, leur ADN* est identique, et elles sont habituellement très similaires. Plus généralement, un clone est un ensemble d'organismes génétiquement identiques, qui portent exactement les mêmes gènes* et sont en somme jumeaux les uns des autres. Le mot désigne donc un ensemble d'individus et non l'un d'eux : deux vrais jumeaux constituent un clone. Autre exemple : les millions de bactéries identiques descendant, par divisions successives, d'une seule bactérie.

Les clones des chercheurs

L'apparition du génie génétique, qui a révolutionné la biologie à partir des années 1970, repose sur la possibilité de « cloner des gènes ». Il s'agit en fait d'insérer des fragments d'ADN (humain par exemple) dans des bactéries, d'identifier celle qui contient le fragment correspondant au gène recherché (c'est naturellement la phase la plus délicate), puis de la multiplier en la cultivant. La culture obtenue contient des milliards de bactéries toutes identiques, portant chacune le même segment d'ADN humain, que l'on pourra alors extraire et étudier en détail.

Un sens qui a dérivé

Dans le langage courant, on aurait plutôt tendance à dire d'un jumeau qu'il est le clone de l'autre. Le clone, dans ce sens, est le double génétique d'une personne ou d'un animal. La brebis Dolly est le clone d'une brebis (qui a fourni la cellule ayant permis de la fabriquer), et un clone humain serait un enfant produit à partir des cellules d'un individu (enfant ou adulte) et dont les gènes seraient strictement identiques à ceux de son « parent » (qui serait en fait son jumeau). On parle parfois de clone pour des objets fabriqués, en suggérant par ce terme qu'ils sont copiés sur un modèle réussi : « un clone de Macintosh » pour un ordinateur, par exemple.

Le clonage selon Huxley

Aldous Huxley, dans son célèbre roman d'anticipation *Le Meilleur des mondes*, imagine un procédé, la « *bokanovskification* », permettant de faire bourgeonner un embryon jusqu'à obtenir 96 embryons identiques.

« Génétiquement identique » ?

Si l'on attache autant d'importance au clonage, c'est parce que normalement tous les individus d'une espèce sont différents. Bien sûr, deux brebis ou deux hommes ont les mêmes gènes, disposés de la même manière le long de leurs chromosomes*. Mais à l'intérieur d'une espèce, les individus divergent, parce que leurs gènes ne sont pas identiques : des petites variations, une ou plusieurs lettres changées parmi les milliers qui constituent le message d'un gène, ont pour résultat des différences visibles dans la taille, le pelage, la couleur des yeux... Cette diversité tient au mécanisme de la reproduction, qui mélange de manière aléatoire les versions de gènes présentes chez chacun des deux parents : chaque enfant d'une fratrie est unique. Seuls deux vrais jumeaux, issus d'un même embryon qui s'est accidentellement divisé en deux au tout début de son développement, portent exactement les mêmes gènes.

Un clone, qui s'est développé en utilisant le patrimoine génétique d'une cellule adulte, est une sorte de jumeau (décalé dans le temps) de l'individu dont provenait cette cellule.

Au sens courant, un clone est un individu (animal ou humain) portant exactement les mêmes gènes que celui dont il provient.

Les clones dans la nature : plantes et animaux inférieurs

Nous sommes environnés de clones : beaucoup des plantes qui nous entourent sont reproduites par bouturage, c'est-à-dire par clonage.

ADN : les plantes aussi !

Les tomates, le maïs, le soja (et pas seulement les variétés transgéniques* !) contiennent eux aussi des gènes*. Le monde vivant tout entier est organisé selon le même schéma, avec le même procédé de stockage de l'information et le même code génétique – preuve que tous les êtres vivants descendent du même organisme primitif. Les cellules végétales ont donc un noyau, des chromosomes*, de l'ADN* et leurs messages héréditaires sont inscrits de manière identique à celle des autres êtres vivants. Les plantes connaissent la sexualité : leurs ovules* fécondés par le pollen donnent naissance à des graines dans lesquelles se retrouvent mêlées des caractéristiques génétiques provenant de chacun des deux parents, comme pour la brebis ou l'homme. Mais elles ont certains talents qui nous échappent...

Une armée de clones

Les milliers de peupliers noirs qui embellissent nos campagnes sont tous des boutures (directes ou indirectes) d'un unique arbre introduit d'Italie au XVIIe siècle.

La régénération

Les végétaux peuvent aussi se multiplier par voie végétative, donnant naissance à des racines ou des pousses qui produiront des individus identiques, du point de vue génétique, à leur « parent ». De plus, des groupes de cellules totipotentes*, les méristèmes*, sont répartis sur le végétal. De sorte qu'il suffit généralement de planter un morceau de tige pour obtenir au bout de quelque temps une plante semblable à celle sur laquelle on a prélevé la bouture : c'est ce que pratiquent couramment les jardiniers amateurs ou professionnels. La plante obtenue est un clone de sa « parente », elle lui est génétiquement identique. De nombreux végétaux exotiques acclimatés en France ne se reproduisent que par pousses ou bouturage et constituent donc une vaste population de clones. Même en l'absence de méristèmes, on sait, en laboratoire, cultiver des cellules végétales et les soumettre à des traitements qui les rendent totipotentes et leur permettent de reconstituer un organisme entier. Pour faire une plante transgénique, on ajoute généralement le gène désiré (résistance au froid, à la sécheresse, ou à un insecte) dans des cellules en culture et, une fois l'insertion vérifiée, on régénère le végétal à partir d'une de ces cellules modifiées. La variété obtenue peut alors être multipliée par bouturage.

Les clones végétaux sont-ils identiques ?

En principe, la bouture porte exactement les mêmes gènes que la plante mère. Mais, au fil du temps et des bouturages, il peut y avoir accumulation de mutations, qui finissent par modifier les caractéristiques de la bouture.

Animaux : régénération interdite !

Enfin, presque. Une étoile de mer (animal invertébré, mais animal tout de même) peut se régénérer à partir d'un bras, tout comme certains vers à partir d'un morceau de leur corps. Des salamandres arrivent même à faire repousser une patte après ablation, mais, en règle générale, les animaux ont des capacités de régénération très limitées, se limitant à la réparation d'une coupure (repousse de peau ou de muscle) ou d'une fracture osseuse. Il semble qu'une fois différenciée, une fois devenue peau, foie ou cerveau, une cellule animale ne puisse plus revenir en arrière, redevenir totipotente et participer à la reconstruction d'un organe, encore moins d'un organisme. D'où la difficulté, et l'intérêt scientifique, du clonage d'animaux : arriver, même très partiellement, à renverser ce programme de différenciation est à la fois très instructif sur le plan fondamental et porteur de nombreuses applications médicales...

Beaucoup des plantes que nous connaissons sont des clones, produits grâce à la capacité de régénération des végétaux. Ce mode de reproduction n'existe pas chez les animaux.

Des clones de grenouilles

Les grenouilles et les crapauds ont longtemps été l'objet d'étude favori des biologistes. Il est donc naturel qu'ils aient bénéficié des premières tentatives de clonage, d'autant plus qu'ils présentent quelques avantages pratiques.

La chute de la théorie d'August Weismann

Le biologiste allemand August Weismann, à la fin du XIXe siècle, imaginait que, au cours de leur différenciation, les cellules perdaient progressivement leur matériel génétique, jusqu'à ne plus garder que les gènes* nécessaires à leur fonction de cellule différenciée. Le succès, même limité, du clonage de batraciens montre qu'il n'en est rien et que chaque cellule conserve l'intégralité du patrimoine génétique de l'individu.

Les batraciens sont plus « faciles »

Les grenouilles (ou les crapauds) pondent des œufs assez gros (2 mm de diamètre) et, après fécondation, la croissance de l'embryon se fait dans l'enveloppe transparente de l'œuf avant éclosion d'un têtard qui, plus tard, se métamorphosera en grenouille. La manipulation de ces œufs est donc relativement aisée et le processus est directement observable. De plus, le déroulement du développement embryonnaire chez ces animaux est bien connu, et depuis fort longtemps. Ils étaient donc un « matériel » idéal pour tenter le clonage d'animaux.

De Jean Rostand à Robert Briggs...

Le célèbre biologiste français Jean Rostand, connu pour ses multiples travaux sur les batraciens, s'était essayé, dès les années 1940, au clonage de grenouilles. Ses expériences furent un échec, mais, une dizaine d'années plus tard, l'Américain Robert Briggs, à Philadelphie, devait réussir. Il avait fallu pour cela mettre au point des méthodes de manipulation et des outils spécifiques. Briggs et son étudiant King retiraient le noyau d'un œuf de grenouille à l'aide d'une fine aiguille de verre, puis y injectaient un noyau provenant d'un embryon. Ils arrivèrent à ce que l'œuf injecté se développe, devienne un embryon et même, parfois, un têtard. C'était donc un clonage, bien que le noyau injecté provienne d'un embryon et non d'une grenouille adulte ou même seulement d'un têtard.

Les crapauds clonés de John Gurdon

Plus tard, le Britannique John Gurdon, à l'université d'Oxford, allait reprendre ces travaux en utilisant le xénope, un petit crapaud sud-africain. Il parvint dans quelques cas à obtenir des clones à partir de cellules prélevées sur un têtard – clones qui parfois arrivaient à se développer jusqu'à l'âge adulte. Pour certains critiques, les cellules d'intestin de têtard employées comprenaient des cellules de type embryonnaire, ce qui réduisait un peu la portée du résultat. Néanmoins, il montrait que le clonage d'animaux était possible, que l'on pouvait, à partir d'une cellule, programmer le développement d'un embryon dans un œuf préalablement privé de son ADN*, et que ce processus pouvait parfois aboutir à un animal adulte.

Les limites du clonage de batraciens

Ces quelques succès ne firent pas grand bruit à l'époque. Il ne s'agissait après tout que de grenouilles ou de crapauds, animaux ovipares*, bien différents des mammifères. Cela faisait longtemps que les biologistes se livraient à toutes sortes de manipulations sur ces organismes, et, par conséquent, ces clonages ne semblaient pas constituer une grande nouveauté. De plus, leur réussite supposait l'emploi de cellules provenant d'embryons ou, à la rigueur, de têtards. Ni Briggs, ni Gurdon n'avaient réussi à obtenir une grenouille adulte à partir d'une cellule prélevée sur une autre grenouille adulte. C'était donc une démonstration scientifique intéressante, mais qui ne déclencha ni tumulte médiatique ni levée de boucliers des spécialistes de l'éthique, contrairement au premier clonage d'un mammifère 30 ans plus tard...

> Le clonage de grenouilles a été réalisé, à partir de cellules embryonnaires, dès 1952. L'impact scientifique et médiatique de cette réussite est resté limité en raison de la grande différence entre les batraciens et les mammifères.

Comment cloner un mammifère ?

Puisque chaque cellule du corps contient l'ensemble du patrimoine génétique, il devrait être réalisable d'employer cette information pour programmer un ovule et obtenir ainsi une « copie conforme » de l'animal sur lequel a été prélevée la cellule. Est-ce réellement possible ?

Le principe du clonage

Les chromosomes* d'un ovule*, cellule sexuelle qui en contient un seul jeu, sont éliminés en enlevant le noyau à l'aide d'une très fine aiguille. Un noyau provenant d'une cellule prélevée sur un autre individu (ou la cellule elle-même) est alors injecté dans cet ovule énucléé*. À ce stade, l'ovule a reçu les deux jeux de chromosomes que contenait cette cellule (comme toute cellule à part ovules et spermatozoïdes*) et se retrouve dans la même situation qu'un embryon normal après fécondation. Pour enclencher le développement, on stimule souvent l'ensemble par un léger choc électrique. L'espoir est que le noyau qui se retrouve dans l'environnement d'un ovule (et qui contient tous les gènes* nécessaires) redevienne capable de diriger le développement d'un embryon. Si cela fonctionne, l'animal finalement obtenu sera génétiquement identique à celui sur lequel a été prélevée la cellule : ce sera son clone, son jumeau décalé dans le temps.

Et la parthénogenèse ?

Une autre manière d'obtenir la naissance d'un animal sans fécondation consiste à provoquer le développement à partir du seul ovule (parthénogenèse, naissance à partir d'une vierge). Certains traitements (choc thermique, réactifs chimiques) peuvent en effet le déclencher ; chez les animaux inférieurs (batraciens par exemple), ce développement peut aller à son terme. Chez les mammifères, il s'arrête au bout de quelques divisions.

Les problèmes

Le clonage de mammifères (des souris, des vaches ou des brebis) a été tenté dès les années 1960, après que l'on eut (partiellement) réussi à cloner des grenouilles et des crapauds. Les opérations à effectuer sur les ovules (de très petite taille) sont délicates, mais des systèmes de micromanipulation sous microscope permettent de les réaliser. La difficulté est d'obtenir une bonne « reprogrammation » du noyau introduit dans l'ovule. En effet, il provient d'une cellule différenciée, une cellule de peau par exemple, prélevée sur un autre animal. Cette cellule contient bien l'ensemble des gènes mais, au cours du développement de l'embryon qui a donné naissance à l'animal, elle s'est différenciée. Une cellule de peau fait fonctionner uniquement les gènes dont elle a besoin pour jouer son rôle, les autres sont « éteints », ils sont toujours présents dans l'ADN*, mais de subtiles modifications physiques ou chimiques les rendent inactifs. Le « programme » d'une cellule de peau est très différent de celui d'une cellule de foie... et encore plus de celui d'un embryon. Pour que le clonage aboutisse, il faut qu'une fois injecté dans l'ovule, le noyau se « reprogramme », redevienne prêt à fonctionner comme un noyau de cellule embryonnaire.

Manipulations effectuées pour un clonage

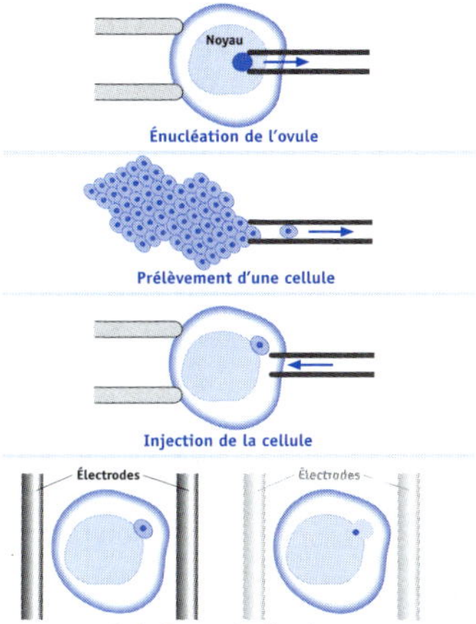

Beaucoup d'échecs jusqu'au premier succès

De nombreux clonages d'animaux ont été tentés depuis 1970. Quelques-uns ont réussi en partant de cellules embryonnaires (naturellement plus faciles à reprogrammer), mais personne n'avait pu obtenir un clone à partir d'un animal adulte... jusqu'à la naissance de la brebis Dolly en 1996. Aujourd'hui, le clonage a été réalisé pour une douzaine d'espèces animales, mais on ne maîtrise pas vraiment le processus : le taux d'échec est très élevé (une réussite pour plusieurs centaines d'essais) et on comprend mal ce qui se passe dans l'ovule une fois que le noyau y a été injecté.

Le principe du clonage est simple, bien que les manipulations soient délicates. Mais le noyau de cellule différenciée que l'on place dans un ovule ne s'avère qu'exceptionnellement capable de diriger le développement d'un embryon jusqu'à la naissance d'un animal.

Le clonage avant Dolly

Au cours des années 1980, de nombreuses tentatives pour cloner des mammifères échouèrent, et l'on en vint à penser que cela était totalement impossible.

1984 : le clonage de mammifères est exclu

« Le clonage de mammifères par simple transfert d'un noyau est biologiquement impossible » **(Davor Solter, *Science*, décembre 1984). Davor Solter était alors (et est toujours) considéré comme l'un des meilleurs experts sur ce sujet.**

Aller au-delà de la grenouille

Le clonage de mammifères représentait un enjeu scientifique et commercial important, et de nombreux scientifiques s'y essayèrent à partir des années 1970. Les difficultés pratiques étaient considérables : l'ovule* de vache ou de brebis, que l'on veut énucléer* pour ensuite y injecter le noyau d'une autre cellule, est microscopique et fragile ; de plus, l'embryon que l'on espère obtenir ne peut survivre plus de quelques jours en laboratoire et doit être implanté dans l'utérus d'une femelle pour y poursuivre son développement. Bien des mises au point techniques étaient donc nécessaires.

Le faux espoir d'Illmensee

En 1980, le chercheur allemand Karl Illmensee, travaillant à l'université de Genève, annonçait avoir réussi à cloner des souris. Ce brillant scientifique avait déjà publié des résultats très remarqués sur la drosophile (mouche du vinaigre) et jouissait d'une grande réputation. Son résultat eut un très large retentissement : si l'on pouvait cloner des souris, cela devait être possible pour les autres mammifères et pourquoi pas pour l'homme ? De plus, la souris étant l'objet de multiples études en biologie, son clonage était susceptible de donner de très intéressantes informations. Mais aucun laboratoire n'arriva à reproduire les expériences d'Illmensee ; une enquête fut finalement effectuée par les autorités de son université, et, bien que ses conclusions soient restées un peu ambiguës, il semble bien que ce chercheur avait truqué ses résultats.

L'impossibilité du clonage de mammifères

Parallèlement, de nombreuses expériences semblaient démontrer que, pour se développer correctement, un embryon de mammifère devait avoir reçu un jeu de chromosomes* provenant d'un mâle, un autre provenant d'une femelle. En effet, les gènes* que portent ces chromosomes sont activés ou réprimés d'une manière spécifique, différente selon leur provenance, et cette « programmation » apparaît absolument indispensable. Il semblait donc exclu qu'un noyau provenant d'une cellule différenciée (ayant, de ce fait, subi une programmation bien particulière) puisse jouer le rôle attendu lorsqu'il est injecté dans un ovule énucléé. En d'autres termes, la programmation qui caractérise une cellule différenciée paraissait irréversible chez les mammifères. Le clonage fut donc décrété impossible, et les équipes qui travaillaient sur ce sujet changèrent de thème de recherche.

Les trucages en recherche

L'image positive des chercheurs ne les empêche pas de succomber parfois à des tentations et de maquiller plus ou moins consciemment le résultat de leurs expériences. Ces fraudes sont presque toujours découvertes lorsque d'autres scientifiques tentent sans succès de reproduire leurs travaux.

La persévérance de quelques-uns...

Pourtant, dans des laboratoires en général peu connus (centres d'amélioration animale, instituts vétérinaires), certains s'obstinaient, convaincus que l'impossibilité proclamée n'était pas forcément absolue. Quelques expériences encourageantes, au début des années 1990, suggéraient que la tâche n'était peut-être pas irréalisable... Un chercheur britannique, Steen Willadsen, parvint à cloner des bovins à partir de cellules embryonnaires, puis à partir d'embryons tardifs – mais ces résultats obtenus dans le cadre d'une entreprise ne furent pas publiés dans les revues scientifiques et passèrent donc inaperçus. Ces chercheurs restaient très minoritaires, les grands laboratoires internationaux et les scientifiques connus ne s'intéressaient plus au clonage.

Le clonage de mammifères, après de nombreuses tentatives infructueuses, fut déclaré impossible au milieu des années 1980. Pourtant, quelques chercheurs continuaient leurs essais...

Dolly, le premier clone

La brebis Dolly, née en 1996, a été le premier vrai succès du clonage de mammifères. Pourquoi ses créateurs ont-ils réussi là où tous les autres avaient échoué ?

L'obstination paie

Malgré de nombreux échecs en matière de clonage de mammifère, un chercheur obstiné, Ian Wilmut, ne croyait pas à cette impossibilité et continuait à tenter le clonage de la brebis, animal facilement disponible dans son laboratoire écossais consacré à l'amélioration animale. Il avait eu connaissance de travaux d'un autre scientifique, Steen Willadsen, qui semblait avoir réussi à cloner des bovins à partir de cellules embryonnaires et même adultes.

Les pubs sont bons pour la science

C'est en buvant une bière dans un pub irlandais, à l'occasion d'un congrès à Dublin en 1987, que Wilmut entendit parler des résultats encore confidentiels de Willadsen... et fut ainsi encouragé à poursuivre ses tentatives.

Idée-clé : jouer sur le cycle

Avec son collaborateur Keith Campbell, Wilmut s'attacha à reprendre les études de Willadsen de façon systématique, en accordant beaucoup d'attention à l'état de la cellule injectée dans l'ovule*. Il choisit d'utiliser des cellules « au repos » (ce que l'on appelle le stade G0*), c'est-à-dire inactives, qui ne se divisent pas et sont comme en sommeil. Il espérait que ces noyaux, une fois placés dans l'environnement de l'ovule, mettraient un certain temps à « se réveiller ». Dans ces conditions, les protéines présentes dans l'ovule auraient peut-être le temps de « reprogrammer » leurs gènes*, de leur imposer un état d'activité compatible avec le développement de l'embryon. C'est, en effet, ce qui se produisit...

Le monde découvre Dolly

La naissance de Dolly fut révélée par la prestigieuse revue scientifique anglo-saxonne *Nature*, en février 1997, et suscita un véritable déferlement dans les médias : chacun avait compris que le clonage humain devenait en principe possible...

Une expérience historique mais très délicate

Wilmut et Campbell commencèrent donc par retirer le noyau de près de 300 ovules de brebis, puis injectèrent

Schéma général du clonage de la brebis Dolly

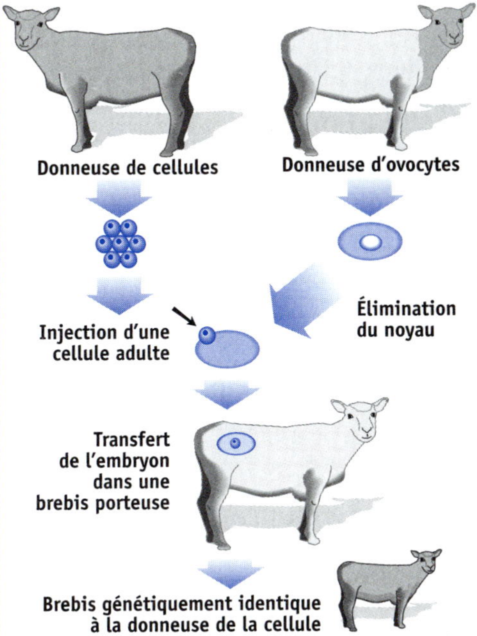

Le principe du clonage : il faut noter que la brebis obtenue est identique à la donneuse de cellules (en haut à gauche), et diffère aussi bien de la donneuse d'ovocytes (en haut à droite) que de la brebis porteuse (en bas au centre).

dans chacun d'eux une cellule de brebis adulte traitée de manière à se trouver en phase G0. Après quelques jours de culture au laboratoire, une trentaine d'embryons survivaient : les autres ovules ne s'étaient pas divisés, ou avaient arrêté de le faire au bout d'un ou deux jours. Ces embryons furent implantés dans autant de brebis porteuses ; parmi les quelques gestations ainsi déclenchées, une seule devait aller à terme, jusqu'à la naissance de Dolly, le 5 juillet 1996. Dolly, première brebis clonée à partir de cellules adultes, était ainsi génétiquement identique à l'animal dont provenaient les cellules, mais différente tant de la « donneuse » d'ovule que de sa mère porteuse.

Dolly, premier mammifère cloné à partir d'une cellule adulte, est le fruit de l'obstination de ses « pères » et d'une astuce technique favorisant la « reprogrammation » du matériel génétique introduit dans l'ovule.

L'arche de Noé du clonage

Depuis Dolly (1996), le clonage a été étendu à d'autres espèces. Pour autant, tous les animaux sont-ils « clonables » ?

Les limites du possible

Contrairement à ce que montre le film *Jurassic Park*, le clonage à partir de bribes d'ADN* est exclu, et tous les clonages réussis à ce jour ont été réalisés à partir de cellules vivantes, prélevées sur un animal ou obtenues à partir de cultures en laboratoire. Il faut aussi, bien sûr, des ovules* de la même espèce (ou éventuellement d'une espèce très proche), ainsi qu'une bonne maîtrise de la culture des embryons et de la technique de réimplantation chez la femelle porteuse. Le procédé mis au point par Campbell et Wilmut pour Dolly a été largement employé et la plupart des clonages ont été effectués en utilisant des cellules « au repos » (en phase G0*), bien que certains aient réussi avec des cellules parvenues à d'autres phases de leur cycle.

Un rapide inventaire

Premier succès après Dolly : la souris, clonée en 1997 par un laboratoire hawaïen. Cette réussite est importante car ce rongeur est un « modèle » très étudié (on a récemment lu la totalité de son ADN, comme pour l'homme) et se prête bien à la recherche sur les mécanismes de la reprogrammation de l'ADN.

La géographie du clonage

Le clonage est en grande partie une spécialité anglo-saxonne, la plupart des réussites ayant eu lieu aux États-Unis ou au Royaume-Uni. La France est néanmoins présente avec le premier clonage du lapin et du rat, et les laboratoires asiatiques (Chine et Corée) semblent assez actifs.

Elle a été rejointe dernièrement, en 2003, par le rat qui est lui aussi très utilisé, en particulier par l'industrie pharmaceutique, et dont la physiologie* est particulièrement proche de celle de l'homme. La vache, la chèvre, le porc, le lapin ont aussi été clonés (le plus souvent dans des laboratoires appartenant à l'industrie), tout comme le chat et, plus récemment, le cheval. Les motivations commerciales sont, dans ces cas, prépondérantes et ont entraîné la création d'une bonne dizaine d'entreprises qui espèrent monnayer ces clonages ou en exploiter les résultats : l'entreprise nord-américaine Genetic Savings and Clone propose actuellement de cloner votre chat préféré... pour la bagatelle de 50 000 dollars américains (environ 40 000 euros).

Clonage et turfistes

Depuis le premier clonage d'une jument, le monde hippique se préoccupe de l'éventuelle apparition de clones de chevaux champions dans les hippodromes et a prévu d'interdire leur participation aux courses.

Le clonage de sauvegarde

Enfin, quelques tentatives ont eu lieu pour des espèces en voie de disparition, comme le gaur (bovidé sauvage) ou le mouflon (cousin du mouton). Il s'agit alors d'injecter dans un ovule de l'espèce domestique une cellule ou un noyau de l'animal sauvage, puis d'implanter l'embryon dans l'utérus d'une vache ou d'une brebis. Cela a abouti à des naissances dans les deux cas cités, bien que le petit gaur n'ait pas survécu plus de quelques jours. De manière générale, tous ces clonages souffrent d'une efficacité très faible, comme pour Dolly : l'injection de centaines d'ovules donne quelques dizaines d'embryons et, finalement, un ou deux animaux seulement – lesquels présentent souvent des anomalies plus ou moins graves.

Certaines espèces résistent

Malgré bien des efforts, on n'a toujours pas réussi à cloner le chien, objet, aux États-Unis, d'un programme intensif, ni le singe. Il semble notamment que le clonage de primates se heurte à des difficultés particulières. Cela a naturellement une incidence sur les perspectives de clonage humain, puisque nous sommes, nous aussi, des primates...

Le clonage a réussi pour de nombreuses espèces animales ; pourtant certaines résistent encore, et le taux de succès reste, dans tous les cas, très faible.

Le clonage n'est pas au point

Beaucoup d'espèces animales ont été clonées, mais l'efficacité est très faible. Quels sont les espoirs d'amélioration ?

Des manipulations délicates

Tenter le clonage d'une espèce animale ne requiert pas de machines très sophistiquées : des microscopes, quelques appareils de micromanipulation et l'équipement standard d'un laboratoire de biologie moderne suffisent. Il faut néanmoins disposer d'un grand nombre d'ovules* en bon état, ce qui suppose l'élevage de nombreuses femelles. Il faut ensuite maîtriser des opérations difficiles : retirer le noyau des ovules sans les détériorer, leur injecter une cellule prélevée sur un autre animal, soumettre l'ensemble à un traitement (souvent un léger choc électrique) qui stimule le début des divisions cellulaires. Les embryons ainsi obtenus devront être cultivés quelques jours au laboratoire, puis implantés dans l'utérus de femelles porteuses préparées par un traitement hormonal approprié. Tout cela demande beaucoup d'habileté et de compétences, une bonne connaissance de l'espèce animale utilisée, des installations d'élevage de bonne qualité et aussi du temps. Mais le problème essentiel du clonage est ailleurs...

Comment l'ADN est-il programmé ?
Les messages inscrits dans l'ADN d'une cellule différenciée ne sont pas altérés, mais leur régulation est remaniée par de légères modifications chimiques et par la fixation de protéines spécifiques.

La « reprogrammation » du noyau injecté

Le noyau de la cellule que l'on injecte dans l'ovule provient d'un animal adulte, d'un organe dans lequel cette cellule joue un rôle bien précis pour lequel elle a été programmée : son ADN* contient l'ensemble des gènes* de l'animal, mais certains sont « allumés »,

procréation débuts animaux

d'autres « éteints » afin que cette cellule assure sa fonction particulière. Pour que le clonage réussisse, il faut que, après son injection dans un ovule, cet ADN se reprogramme, et que les gènes nécessaires au démarrage de l'embryon s'activent. En somme, cela requiert que le noyau de la cellule injectée se comporte comme un noyau d'embryon – et non comme le noyau d'une cellule différenciée. Il existait, dans les années 1980, de solides raisons de penser que c'était irréalisable, ce qui avait conduit à affirmer l'impossibilité du clonage de mammifères. Dolly a montré que, au moins dans certaines conditions, la reprogrammation pouvait avoir lieu et être assez efficace pour assurer le développement complet de l'embryon. On pense qu'elle est rendue possible par certaines protéines présentes dans l'ovule et qui, après injection du noyau, viennent se fixer sur lui et modifient l'activité des gènes qu'il contient. Mais on est loin de comprendre correctement ce phénomène, et encore plus de le maîtriser.

La naissance de Prometea

Le premier clonage d'un cheval, en 2003, a nécessité l'injection de 841 ovules ; 17 embryons ont été implantés chez des juments porteuses, 4 gestations ont débuté, et une seule jument, appelée Prometea, est finalement née.

Des recherches à l'issue incertaine

Nombre de scientifiques cherchent à élucider les mécanismes de la reprogrammation, dans un but de connaissance fondamentale mais aussi pour améliorer l'efficacité du procédé. La réussite du clonage de la souris, animal de laboratoire dont la physiologie* et la génétique sont très bien connues, a déjà permis d'acquérir des informations précieuses. Cela débouchera peut-être un jour sur des techniques assurant une bonne reprogrammation du noyau introduit dans un ovule, et donnant au clonage animal un rendement beaucoup plus élevé qu'aujourd'hui. Ce n'est pas le cas actuellement et tous les clonages animaux donnent, au mieux, un résultat positif (une naissance) pour 100 tentatives – ce qui est fort peu, bien que cela suffise pour certaines applications.

La faible efficacité actuelle du clonage animal tient à une difficulté fondamentale, celle de la « reprogrammation » d'un noyau différencié pour le faire revenir au stade embryonnaire.

Les clones sont-ils normaux ?

Le clonage d'animaux est peu efficace : une réussite sur plusieurs centaines d'essais. Mais, en cas de succès, le clone est-il en bonne santé ?

Des clones prématurément vieux ?

Un clone est obtenu à partir d'une cellule d'adulte : ne risque-t-il pas, dès sa naissance, d'avoir en réalité l'âge de cet animal ? Dolly, clonée à partir de cellules prélevées sur une brebis de 6 ans, serait née déjà vieille... On savait, dès 1997, que l'âge d'une cellule est en relation avec la taille des télomères*, structures situées à l'extrémité des chromosomes* et qui semblent s'user au fil du temps et des divisions cellulaires ; or les télomères de Dolly étaient anormalement courts. Mais on s'est aperçu depuis que le rapport entre âge et longueur des télomères n'est qu'approximatif, et aussi que certains animaux clonés ont, eux, des télomères très longs. Aujourd'hui, il est clair que les clones ne naissent pas systématiquement vieux, et qu'ils peuvent parfois avoir une durée de vie conforme à la norme. Cela ne veut pas dire qu'ils soient toujours en bonne santé...

Un long catalogue de problèmes

De multiples anomalies ont été observées chez les animaux clonés. Les plus fréquentes sont un poids excessif, des difficultés respiratoires et cardiaques, et, après plusieurs années, le diabète. Les entreprises engagées dans le clonage affirment souvent que la plupart des animaux clonés sont en bonne santé. Cela dépend, bien sûr, du niveau d'exigence que l'on manifeste... Mais il est rare que des affections ne finissent pas par apparaître. Pour la souris, dont la durée de vie habituelle est de 1 ou 2 ans, on observe chez les clones beaucoup

Et la descendance ?

Les descendants des animaux clonés sont, eux, en bonne santé, car la programmation de leurs gènes a été « remise à zéro » lors de la fabrication des ovules ou des spermatozoïdes*.

de maladies survenant tardivement et aboutissant à une mort prématurée. Dolly est peut-être une exception : elle a mené une existence normale jusqu'à l'âge mûr (pour une brebis) de 6 ans, puis a souffert d'une arthrite et, enfin, d'une infection pulmonaire virale (probablement sans rapport avec le clonage) qui a entraîné son euthanasie en 2003.

L'âge des brebis

Une brebis peut vivre jusqu'à une douzaine d'années, mais, dans les conditions habituelles d'élevage, sa longévité est limitée à 6 ou 7 ans. On ne peut donc pas dire que Dolly, morte à presque 7 ans, ait eu une vie anormalement courte.

Des difficultés bien compréhensibles

L'obtention d'un clone requiert la « reprogrammation » du noyau de la cellule différenciée introduite dans un ovule*, or cette réorientation de l'activité des gènes* est aléatoire et presque toujours imparfaite, c'est cela qui entraîne l'échec de 99 ou 99,9 % des tentatives. Les animaux qui survivent sont ceux pour lesquels la reprogrammation s'est suffisamment bien faite pour permettre le développement de l'embryon et du fœtus. Pourtant, cette remise en route du programme embryonnaire n'est sans doute jamais totale. Les gènes de ces vaches ou de ces brebis ne sont pas activés ou réprimés de manière totalement conforme, ce qui aura des conséquences plus ou moins graves, plus ou moins visibles et plus ou moins précoces.

Souris clonées et « puces à ADN »

Une technique récente, celle des « puces à ADN* », permet de mesurer l'état d'activation de milliers de gènes dans un organe ou un tissu. Elle a été employée pour étudier en détail des souris clonées et les conclusions sont sans appel : aucune d'entre elles n'est totalement normale. Même lorsque l'animal ne présente pas de problèmes apparents, il s'avère que plusieurs dizaines de gènes ne sont pas « allumés » ou « éteints » comme ils devraient l'être. Les gènes en cause diffèrent d'une souris à l'autre, ce qui explique la variété des symptômes observés et le fait que ceux-ci soient parfois très discrets si ces gènes ne jouent pas de rôle important.

Il semble qu'aucun animal cloné ne soit totalement normal. Les anomalies ont des conséquences plus ou moins graves et sont parfois compatibles avec une apparente bonne santé.

Les motivations du clonage animal

Au-delà de buts purement scientifiques, pourquoi cloner des animaux ?

Appauvrissement génétique ?

Si le clonage animal se généralisait, il pourrait aboutir à peupler nos étables d'un « modèle unique » de vache ou de mouton, rendant ainsi le cheptel très vulnérable à un changement d'environnement ou à une nouvelle pathologie. Ce risque est aujourd'hui théorique, mais l'appauvrissement génétique dû à la sélection classique est, lui, bien réel.

« Copies conformes » pour l'élevage

Le premier usage qui vient à l'esprit est l'obtention de répliques d'animaux précieux : vaches laitières très performantes, étalons exceptionnels... La reproduction classique fournit une descendance qui ne possède pas les mêmes caractéristiques, du fait du réassortiment des gènes* qui se produit à chaque génération. Il faudrait des croisements répétés, s'étalant sur des décennies, pour créer une nouvelle race ayant « fixé » les qualités recherchées – à supposer que l'on y arrive. Le clonage, qui produit un exemplaire génétiquement identique à l'original, devrait répondre à ce besoin. C'est pour le moment un peu théorique, en raison des problèmes de santé dont souffrent la plupart des clones, mais ce serait un débouché important si la technique devenait plus fiable. Des sociétés comme Cyagra (États-Unis) proposent dès à présent le clonage de bovins... au prix de 20 000 euros environ l'unité.

Animaux génétiquement modifiés

Il est possible d'introduire volontairement des gènes dans les chromosomes* de nombreuses espèces animales. Un procédé connu depuis le début des années 1980 consiste à injecter le gène dans l'ovule* avant fécondation, mais le rendement est extrêmement faible. Le clonage, lui, permet d'effectuer la modification génétique sur des cellules en culture. Après contrôle, celles qui ont correctement incorporé le gène sont utilisées pour reconstituer un animal par clonage, par injection dans un ovule précédemment énucléé*. On a ainsi obtenu des vaches produisant un lait riche en caséine (intéressant pour le fromage...), des brebis portant un gène humain qui provoque la sécrétion d'un médicament dans leur lait, ou encore des porcs modifiés de manière à ce que leurs organes puissent être greffés sur l'homme sans provoquer un rejet immédiat. Ces procédés sont pour la plupart au stade expérimental, et il n'est pas certain qu'ils aboutissent à des applications commerciales. Différents problèmes techniques restent à résoudre ; il faut aussi que la vente des produits provenant d'animaux clonés soit autorisée et surtout que les consommateurs les acceptent... La production de médicaments, domaine dans lequel plusieurs entreprises (Infigen, Geron, PPL Therapeutics...) sont actives aux États-Unis et au Royaume-Uni, est sans doute le secteur qui a le plus de chances de se développer dans un proche avenir.

Brevets sur le clonage

De nombreux brevets ont été accordés sur différents aspects du clonage animal. Un des premiers est celui des « inventeurs » de Dolly, Ian Wilmut et Keith Campbell, déposé quelques jours avant l'annonce de la naissance de cette célèbre brebis.

Sauver le mouflon, ressusciter Médor et Minet ?

Le clonage peut aider à la sauvegarde d'espèces en voie de disparition : une cellule prélevée sur un des derniers exemplaires existants peut être injectée dans un ovule provenant d'une espèce proche afin d'obtenir un clone augmentant la population menacée. L'objectif a été atteint pour un gaur (sorte de bœuf sauvage) et un mouflon.

Le clonage d'un chat, réussi en 2002, fait espérer celui d'un chien (non encore réalisé) et ouvre un marché supplémentaire, celui des maîtres qui veulent à tout prix une copie conforme de leur compagnon favori. Deux sociétés, Lazaron et Genetic Savings and Clone, se sont positionnées sur ce créneau. Elles commencent tout juste à véritablement proposer le clonage mais, en attendant, font payer très cher le stockage des prélèvements qui permettront peut-être un jour de réaliser l'opération...

Les applications commerciales du clonage animal sont nombreuses mais encore virtuelles. Elles ont néanmoins suscité la création de plusieurs entreprises.

En avant pour *Jurassic Park* ?

L'histoire racontée dans *Jurassic Park* est-elle vraisemblable ? Pourra-t-on un jour recréer des espèces disparues ?

Le schéma de *Jurassic Park*

Dans le livre de Michael Crichton et le film de Steven Spielberg, les dinosaures sont recréés par clonage. Leur ADN* est retrouvé dans l'estomac de moustiques conservés dans l'ambre (résine fossilisée), qui auraient jadis ingéré du sang de dinosaure. Cet ADN récupéré sert alors à programmer des œufs, qui donnent naissance à ces animaux préhistoriques, peuplant bientôt une île, au large du Costa Rica, qu'un milliardaire veut transformer en parc d'attractions haut de gamme.

L'ADN fossile

Il est exact que l'on arrive à extraire de l'ADN à partir de toutes sortes d'échantillons biologiques (cheveux, empreintes digitales, mégots portant une trace de salive) et même à partir de fossiles, par exemple des ossements d'hommes de Neandertal datant de plusieurs dizaines de milliers d'années. L'ADN est une molécule plutôt solide, contrairement aux protéines, et se conserve relativement bien. Mais, dans les fossiles, il ne s'agit que de petits fragments, longs de quelques dizaines ou centaines de nucléotides* (lettres T, A, G ou C) dont l'alignement définit le message que contiennent les gènes*. Ces fragments, de plus, sont généralement en mauvais état ; des procédés récemment mis au point permettent néanmoins d'en faire des copies qui, elles, pourront être « lues » afin de définir l'ordre des lettres. C'est cette lecture, par exemple, qui a permis d'avancer que l'homme de Cro-Magnon (dont nous descendons) et celui de Neandertal constituaient vraisemblablement deux espèces distinctes.

Un changement de sexe bien fâcheux

Dans *Jurassic Park*, l'ADN de grenouille inclus dans celui des dinosaures leur donne la possibilité de changer de sexe (comme c'est le cas chez les batraciens), ce qui entraîne la prolifération des animaux et l'échec catastrophique du projet.

De la bribe au message complet

Mais il y a très loin de ces petits segments d'ADN au patrimoine génétique intégral d'un individu : l'ADN d'un homme, comme celui d'une souris (et sans doute d'un dinosaure), comporte 3 milliards de lettres. C'est comme si l'on voulait reconstituer un gros livre à partir de quelques mots... Dans *Jurassic Park*, l'auteur, qui n'ignore pas cette difficulté, la contourne en supposant que les manques dans l'ADN de dinosaure sont comblés en utilisant l'ADN de grenouille, espèce supposée voisine. Ce serait plausible s'il existait aujourd'hui une espèce animale très proche des dinosaures, ce qui n'est pas le cas. De toute façon, le clonage animal actuellement pratiqué ne se contente pas d'ADN : il requiert une cellule vivante, qui peut provenir d'un animal vivant ou d'une culture en laboratoire. Et il faut généralement une cellule bien particulière, à une phase précise de son cycle, pour que le clonage ait une chance (une chance sur 100 ou 1 000...) de réussir.

Il y a congélation et congélation

Au laboratoire, la conservation de cellules vivantes par congélation requiert un mode opératoire précis et des températures très basses (– 190 °C). Un cadavre de mammouth gelé ne répond pas à ces critères...

Les progrès envisageables

Bien sûr, la technique évolue et ce qui paraît exclu aujourd'hui peut devenir possible demain. Reste qu'il semble peu probable que l'on puisse un jour cloner à partir du seul ADN de l'animal. La difficulté à obtenir une bonne programmation est la principale cause des problèmes actuels du clonage, or cette activation des gènes est en grande partie déterminée par la structure du noyau, dans lequel l'ADN est associé à un grand nombre de protéines qui régulent son activité. Avec de l'ADN « nu », l'essentiel de la programmation est perdu... En tout état de cause, cloner à partir de quelques bribes d'ADN est exclu, or c'est tout ce qui nous reste d'espèces disparues comme le loup de Tasmanie (marsupial dont il ne subsiste que quelques exemplaires empaillés) ou même le mammouth... Et personne n'a encore isolé la moindre parcelle d'ADN de dinosaure...

La résurrection des dinosaures, ou même des mammouths, restera du domaine de la science-fiction : le clonage requiert un ADN intact et des cellules vivantes.

Les fantasmes du clonage humain

Depuis longtemps, le clonage d'êtres humains suscite fantasmes et délires, souvent bien éloignés de la réalité.

Les origines du prophète

Raël, de son vrai nom Claude Vorilhon, est un journaliste français qui affirme avoir rencontré les extraterrestres en 1973 près d'un volcan d'Auvergne, et a depuis bâti une secte et un commerce très rentable autour d'un ensemble d'affirmations pseudo-scientifiques.

Un sujet toujours d'actualité

Dès 1932, Aldous Huxley imaginait dans *Le Meilleur des mondes* une population de clones préconditionnés afin de s'intégrer dans une société ne laissant aucune place à l'initiative individuelle. Le thème a depuis inspiré bien d'autres romanciers, comme Ira Levin qui, dans *Ces garçons qui venaient du Brésil*, imagine des savants nazis clonant des dizaines de petits Hitler. Il a aussi été repris par quelques faux prophètes, comme ce Raël qui prétend nous offrir « *la vie éternelle par la science* » grâce au clonage. Ce fantasme du clonage reproductif humain repose sur deux notions fausses. D'une part, une tendance à faire (consciemment ou non) l'impasse sur la nécessaire période de croissance des clones. On imagine alors que le procédé crée des individus adultes, alors qu'au mieux – ou au pire – il aboutirait à des nouveau-nés. Autre crainte : que cette méthode autorise la production en série d'êtres identiques, armées de clones de *Star Wars*, bataillons d'Einstein ou équipes entières de Zidane. S'y ajoute l'illusion que le clone d'une personne partagerait non seulement son apparence physique, mais aussi son caractère et sa personnalité. Sans craindre le ridicule, Raël habille ce fantasme d'un galimatias pseudo-scientifique : nous pourrions enregistrer notre personnalité sur un micro-ordinateur et il suffirait de transférer ce contenu dans le cerveau du clone pour en faire un véritable double. C'est ainsi

procréation | débuts | animaux

que, au lendemain des attentats du 11 septembre, il proposait de ressusciter les victimes, et même les terroristes (afin de pouvoir les juger et les punir)...

Pas tout à fait jumeaux...

L'identité génétique entre clone et cloné ne serait pas totale : l'ovule* ne provenant pas de la même femme, les quelques gènes portés par les mitochondries* (situées dans le cytoplasme*) peuvent être différents.

Revenons sur terre

Le clonage reproductif humain n'est peut-être pas impossible, mais, si l'on en juge par les difficultés actuelles du clonage animal, il est loin d'être envisageable dans des conditions de sécurité correctes. Le taux de succès actuel de moins de 1 % et de lourdes incertitudes sur l'état de santé de l'éventuel clone sont totalement dissuasifs, indépendamment de tout principe éthique. Mais, à supposer que le clonage soit un jour réalisable dans de bonnes conditions de sécurité, autorisé par la loi et accepté par la société, il aurait pour conséquence la naissance d'enfants et non l'apparition soudaine d'adultes. Et chacun de ces enfants aurait dû être porté durant 9 mois par une femme, ce qui limite singulièrement toute production en masse...

Le clone n'est pas une copie conforme

Les enfants clonés seraient certes génétiquement identiques à la personne ayant fourni la cellule utilisée : ce n'est pas pour autant qu'ils lui ressembleraient en tout point. Les vrais jumeaux, issus d'un embryon qui s'est accidentellement divisé en deux, se développent dans le même utérus, naissent et grandissent en même temps dans la même famille. Cela ne les empêche pas d'avoir souvent des personnalités différentes et des destins divergents. La ressemblance entre clone et cloné serait certainement bien moins forte qu'entre jumeaux : le clone d'un génie ne serait pas nécessairement génial. La fascination qu'exerce le clonage découle en grande partie d'une tendance, très forte actuellement, à surestimer l'importance des gènes* et à les croire tout-puissants alors qu'ils ne sont que l'un des éléments influençant la personnalité d'un être humain.

Le fantasme de la création d'un double, ou de la production en masse d'humains, ne correspond en rien à la réalité du clonage.

Cloner pour guérir

Le clonage thérapeutique est peut-être un traitement d'avenir. En quoi consiste-t-il ?

Des cellules pour guérir

Certaines affections peuvent être traitées par des greffes de cellules : la maladie de Parkinson grâce à des neurones, certains diabètes par l'apport de cellules pancréatiques… Mais la disponibilité de ces cellules – souvent obtenues à partir de fœtus après interruption de grossesse – est très limitée et parfois problématique. Et ces greffes sont fréquemment rejetées par le patient, puisqu'il s'agit de tissus étrangers à son organisme et reconnus comme tels par son système immunitaire. Il serait donc très intéressant de pouvoir produire ces cellules à partir du malade lui-même, si du moins son affection n'est pas d'origine génétique.

Le schéma du clonage thérapeutique

Il débute, comme le clonage reproductif, par la création d'un embryon humain à partir d'un ovule* énucléé* et d'une cellule du malade. Cet embryon, s'il commence

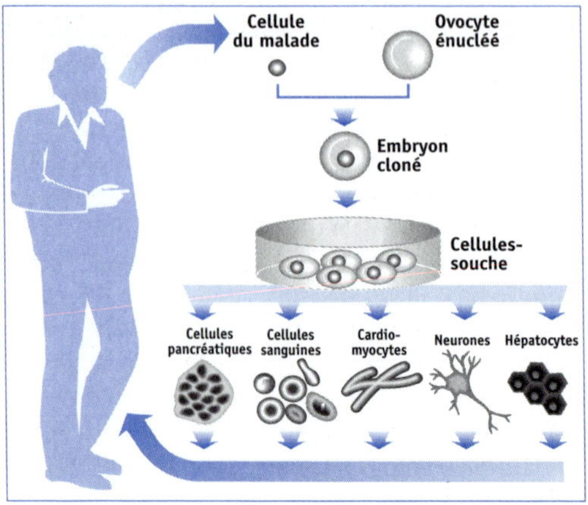

Une appellation encombrante

Gênés par une désignation qui provoque quelques confusions et des oppositions de principe, des partisans de la recherche sur le clonage thérapeutique souhaiteraient le rebaptiser « transfert nucléaire* »…

à se développer, atteint au bout de quelques jours un stade appelé blastocyte*. C'est alors une boule microscopique contenant quelques centaines de cellules indifférenciées, dites totipotentes car capables d'évoluer vers n'importe lequel des 300 types cellulaires présents dans le corps humain. Cet embryon est alors dissocié, afin de cultiver ses cellules, puis de les pousser à se différencier grâce à des conditions de culture adaptées. La greffe peut alors être effectuée, sans risque de rejet puisque ces cellules sont génétiquement identiques à celles du malade.

Antinori brouille les pistes

L'Italien Severino Antinori, partisan du clonage reproductif humain chez les couples stériles, le baptise « clonage thérapeutique » car c'est, selon lui, une thérapie contre la stérilité !

Un procédé encore hypothétique, mais plausible

Il ne s'agit pas d'un traitement actuellement pratiqué, mais d'un procédé en cours d'étude, dont la plupart des étapes ont été validées sur l'animal, certaines chez l'homme. Il peut permettre, à terme, de traiter des maladies dégénératives aujourd'hui incurables. Il se peut aussi que cette approche s'avère impraticable...

Des risques de dérive et des oppositions de principe

Le clonage thérapeutique, s'il était répandu, pourrait susciter un trafic d'ovules humains, ressource rare puisqu'une femme n'en produit normalement qu'un par cycle, une dizaine si elle est soumise à une pénible stimulation hormonale. Il risquerait naturellement aussi de favoriser un glissement vers le clonage reproductif. Indépendamment de ces dangers, certains le refusent du fait qu'il implique la création d'un embryon dans le but de le détruire quelques jours plus tard. Même s'il ne s'agit que d'un embryon très précoce, cela reste inacceptable pour ceux qui considèrent que tout embryon est sacré. L'Église catholique, qui affirme depuis 1869 que l'âme est présente dès la conception (auparavant, il fallait attendre 6 semaines pour un garçon, 13 pour une fille...), y est totalement opposée.

Le clonage thérapeutique est peut-être une voie d'avenir pour traiter certaines maladies, mais il comporte encore beaucoup d'incêrtitudes techniques et suscite de fortes oppositions.

Pourquoi cloner un être humain ?

Existe-t-il une véritable « demande » pour le clonage reproductif humain, et par qui est-elle formulée ?

La détermination d'un père

« Je décidai alors que je ne renoncerais jamais à mon enfant. Je ne m'arrêterais jamais avant d'avoir pu donner à son patrimoine génétique une (nouvelle) chance. Je savais que nous n'avions qu'une possibilité, le clonage humain » **(lettre de l'avocat Mark Hunt, premier « client » de Clonaid, affichée sur le site Internet de l'entreprise).**

Vie immortelle, génies en série et autres fariboles

Même si le thème de la vie éternelle fait l'objet de nombreux romans et constitue le fonds de commerce de la secte des Raéliens, personne n'imagine sérieusement y accéder en se perpétuant à travers un clone. L'enfant, jumeau génétique et double attendu, serait bien évidemment un autre individu, né d'une autre mère, à une autre époque et doté de sa propre personnalité.

Il ne constituerait en aucun cas une réplique à l'identique et encore moins une manière pour l'intéressé de poursuivre son existence.

La fabrication en série de petits Einstein est elle aussi illusoire, tout comme la constitution d'armées de clones, pour lesquels il faudrait des armées de mères porteuses – sans parler de « délais de fabrication » prohibitifs : 18 ans au bas mot...

La demande de « remplacement »

Il existe pourtant des parents qui réclament avec insistance un clonage. Ils ont perdu leur enfant, souvent en bas âge : devant l'injustice de sa disparition, ils veulent le ressusciter, ou du moins reproduire l'exact assortiment de gènes* qu'il portait. Le premier projet de clonage de l'entreprise Clonaid, fondée par les Raéliens, concernait un couple qui se trouvait dans cette situation et avait financé les travaux à hauteur de 500 000 dollars.

L'exigence d'une progéniture biologiquement apparentée

D'autres couples, qui ne peuvent avoir d'enfant parce qu'un des parents, ou les deux, sont stériles, ou parce qu'il s'agit d'unions homosexuelles, n'acceptent pas de recourir à l'adoption. Ils refusent aussi l'insémination artificielle avec donneur, lorsque celle-ci est possible. Ils veulent un enfant à eux, sans intervention d'un tiers, et qui porte leurs gènes. Ils sont donc demandeurs d'un clonage (avec ou sans mère porteuse selon le cas) pour que le bébé soit le jumeau génétique du « père » ou de la « mère ». Ève, « premier clone humain » dont les Raéliens nous avaient annoncé la naissance le 26 décembre 2002, était ainsi présentée comme le clone d'une femme dont l'époux était stérile. On sait aujourd'hui que cette annonce était mensongère. Mais elle correspond à un cas de figure qui, d'après Raël ou Severino Antinori (un des spécialistes qui disent tenter le clonage humain), fait l'objet de milliers de requêtes.

L'illusion de la détermination génétique

Cette demande est fondée sur une idée fausse, celle de l'importance prépondérante des gènes, qui détermineraient l'apparence, les capacités et même le caractère de chacun d'entre nous. Cette croyance entraîne une répugnance à élever un bébé portant des gènes « étrangers », et nourrit l'illusion que le clone serait une réincarnation de l'enfant disparu. Il faut redire que c'est un leurre, en raison du rôle essentiel que jouent les circonstances de la naissance et l'environnement des premières années dans la formation de la personnalité. Notons aussi que l'environnement d'un clone « de remplacement » ou de l'enfant jumeau génétique d'un de ses parents, tous deux nés après des années d'efforts et des traitements coûteux, serait sûrement peu propice à une croissance psychologique harmonieuse...

Schwarzenegger bis ?

L'acteur Arnold Schwarzenegger, maintenant élu gouverneur de l'État de Californie, déclarait il y a peu : *« Je n'ai rien contre l'idée de me faire cloner. Cela me conviendrait tout à fait »* (novembre 2000, à l'occasion de la sortie du film *À l'aube du 6e jour*).

La demande de clonage humain existe, elle émane de parents qui veulent remplacer un enfant disparu par une « réplique » qu'ils espèrent identique. Elle est aussi formulée par des couples stériles ou homosexuels, qui tiennent absolument à ce que leur descendance leur soit biologiquement apparentée.

Le clonage de singes

Les tentatives effectuées sur nos plus proches cousins peuvent aider à évaluer la faisabilité du clonage humain.

Un peu d'histoire...

L'homme ne descend pas du singe... mais nous sommes, comme eux, des primates, groupe apparu il y a 65 millions d'années, au moment de la disparition des dinosaures. Il y a 7 ou 8 millions d'années, le rameau qui a donné naissance aux singes actuels s'est séparé de celui qui devait aboutir aux humains ; l'homme moderne, lui, date de 100 000 ou 200 000 ans. Nous sommes très proches des singes par notre physiologie* comme par nos gènes* : seule une différence d'environ 15 lettres sur 1 000 est observée entre le chimpanzé et *Homo sapiens* à ce niveau. La divergence est nettement plus importante avec les vaches, les moutons ou les souris, dont nous séparent 60 ou 100 millions d'années d'évolution. Ce qui est vrai pour la brebis ne l'est donc pas forcément pour l'homme ; en revanche, entre primates, on peut s'attendre à des similitudes très marquées. Le déroulement du clonage chez le singe devrait donc être très révélateur quant à la possibilité de le réaliser chez l'homme...

Un singe transgénique

En 2001 est né un singe rhésus transgénique* portant dans ses chromosomes un gène de méduse introduit par injection dans l'embryon. Bien que le gène ne fonctionne pas chez cet animal, l'expérience montre la possibilité de modifier le patrimoine génétique d'un primate.

Un succès en 1997 ?

Une équipe nord-américaine, celle de Don Wolf à Portland (États-Unis), a revendiqué en 1997

procréation | débuts | animaux

le clonage de deux singes rhésus à partir de cellules provenant d'embryons (et non d'adultes). Mais ce résultat n'a jamais été reproduit et, 6 ans plus tard, le même laboratoire tente toujours sans succès d'obtenir le développement d'un embryon simien cloné jusqu'à la naissance. Un autre groupe de chercheurs a bien réalisé, en 2000, un « clonage » de singe rhésus, mais il ne s'agissait que de la division en deux d'un embryon à un stade où il comporte déjà plusieurs dizaines de cellules. Cette manipulation, reproduisant l'accident naturel qui donne naissance aux vrais jumeaux, est couramment pratiquée sur plusieurs espèces de mammifères et bien différente du « vrai » clonage, celui qui repose sur le transfert d'une cellule (ou de son noyau) dans un ovule* énucléé*.

Singes rhésus et groupes sanguins

Le sang de singes rhésus a été employé pour définir, chez l'homme, les groupes sanguins « Rhésus positif » (Rh+) et « Rhésus négatif » (Rh–), incompatibles en cas de transfusion. Telle est l'origine du nom de ces groupes (maintenant repérés par d'autres techniques).

Un obstacle imprévu

L'examen d'embryons de singes rhésus obtenus par clonage, au stade où ils ne comportent que quelques dizaines de cellules, fait apparaître de très nombreuses anomalies : tantôt trop de chromosomes*, tantôt pas assez, des caryotypes* très déséquilibrés qui ont pour conséquences un arrêt rapide de la croissance et la mort de l'embryon. En 2003, une équipe de Pittsburgh (États-Unis) a montré que cela était dû à l'absence, dans les embryons clonés, de protéines indispensables à la bonne répartition des chromosomes entre les cellules filles après leur duplication. Ces protéines sont normalement présentes dans le noyau de l'ovule des primates et sont emportées lorsqu'on retire ce dernier. Chez les autres mammifères, elles sont réparties dans l'ensemble de l'ovule, il en reste donc suffisamment après énucléation. Ce problème spécifique a conduit les chercheurs à déclarer que le clonage de primates est actuellement impossible. Il est envisageable que cette difficulté soit résolue dans un avenir plus ou moins lointain...

Les tentatives pratiquées chez les singes ont révélé une difficulté technique propre aux primates, qui apparemment rend leur clonage irréalisable dans les conditions actuelles.

Le clonage reproductif humain : les tentatives

Les annonces ambiguës ou fantaisistes se succèdent... Qu'en est-il réellement des essais de clonage reproductif humain ?

Ambiguïtés et intox

Les annonces concernant le clonage sont souvent volontairement ambiguës. Zavos affirme par exemple publier le « premier clonage humain » – alors qu'il ne s'agit que d'un embryon cloné extrêmement précoce et nullement d'un enfant comme on pourrait le croire.

Un thème porteur...

Le clonage humain est un sujet médiatique par excellence. Toute « information » à ce sujet, si extravagante soit-elle, est immédiatement reprise par la presse, circule sur Internet et a parfois les honneurs de la télévision. Même le très sérieux *Le Monde* y consacrait sa « une » en décembre 2002... Cela attire naturellement toutes sortes de personnages souhaitant faire de la réclame à leur secte, à leur clinique, ou simplement avides de publicité personnelle.

Les Raéliens et l'entreprise Clonaid

Raël, prophète autoproclamé, soutient que l'humanité a été créée par les extraterrestres grâce au clonage, il y a 25 000 ans, et promet « *la vie éternelle grâce à la science* ». L'entreprise Clonaid dirigée par la chimiste française Brigitte Boisselier, « évêque raélienne », affirme depuis plusieurs années travailler sur le clonage humain – sans que cette assertion ait été validée par la moindre publication scientifique. Elle a prétendu, fin 2002, avoir obtenu le premier clone humain, Ève, et, depuis, Clonaid a annoncé plusieurs autres naissances. Mais aucune preuve n'a été apportée, alors qu'il suffirait d'une simple analyse d'ADN* (une « empreinte génétique » comme on les pratique couramment dans les enquêtes criminelles) pour montrer que l'ADN de l'enfant est identique à celui d'une autre personne et qu'il s'agit bien d'un clone. Il est donc certain que

procréation débuts animaux

la déclaration des Raéliens était un simple « coup » publicitaire, d'ailleurs réussi car il leur a assuré gratuitement une large couverture médiatique et a, semble-t-il, attiré vers eux une foule de nouveaux adeptes.

Clonage en mer

En réponse à la montée des législations anti-clonage, Antinori affirme qu'il est prêt à poursuivre ses travaux sur un navire croisant dans les eaux internationales.

Un peu plus sérieux, Antinori et Zavos

Severino Antinori (médecin italien connu pour avoir provoqué des grossesses chez des femmes très âgées) et Panos Zavos (scientifique américain spécialiste de la stérilité masculine) disent préparer eux aussi le clonage humain. Ils ont travaillé un temps ensemble, mais poursuivent maintenant leurs tentatives séparément. Tous deux affirment être face à une demande forte et avoir de nombreux couples volontaires. Zavos a récemment publié, dans une revue sur Internet peu regardante sur la rigueur scientifique, un court article indiquant qu'il avait pu obtenir des embryons humains clonés ayant atteint le stade de 8 cellules. C'est encore loin de permettre leur implantation ; pourtant, si ce résultat est exact (ce qui n'est pas sûr), il représente un certain perfectionnement de la technique.

Les expériences actuelles sont, pour la plupart, pratiquées par des escrocs. Le clonage humain n'est pas une réalité aujourd'hui, et il est peu probable qu'il le devienne dans un avenir proche. À plus long terme cependant (quelques années ou dizaines d'années), son éventualité ne peut pas être écartée.

Des progrès finalement très minces

La réalité est donc loin de certaines annonces journalistiques. Il semble bien, en fait, que le clonage humain présente des difficultés techniques particulières, qu'il soit beaucoup plus malaisé à effectuer que celui de vaches ou de brebis. De récentes expériences sur le singe ont en effet montré que chez les primates (ordre dont nous faisons partie) le clonage produit, dès les premières divisions de l'embryon, des cellules contenant trop, ou pas assez, de chromosomes. Selon toute vraisemblance, le clonage humain n'est pas pour demain. Cependant, des progrès techniques encore insoupçonnables peuvent le rendre possible dans l'avenir...

Les avancées du clonage thérapeutique

Élément nouveau : début 2004, des chercheurs sud-coréens ont fait des progrès significatifs vers le clonage thérapeutique.

Différent et pourtant semblable

Le clonage thérapeutique ne cherche pas à créer des « doubles », mais à traiter des malades par des greffes de cellules bien acceptées car génétiquement autologues*. Il est donc bien plus acceptable que le clonage reproductif, et fait l'objet de recherches à ciel ouvert. Mais il débute exactement comme ce dernier (ce qui motive de nombreuses oppositions) et peut, en cas de réussite, le rendre plus accessible.

L'entreprise Advanced Cell Technology

Cette firme nord-américaine travaille dans le domaine de la « thérapie régénérative », c'est-à-dire le traitement de malades par des greffes de cellules visant à rétablir une fonction défaillante. Elle cherche notamment à mettre au point le clonage thérapeutique. Ses scientifiques ont publié en 2001 un article décrivant l'obtention d'embryons humains clonés, qui se sont développés jusqu'à comporter 6 cellules. Cela signifie donc que le transfert d'un noyau dans un ovule* a bien déclenché un début de développement, mais ce résultat est encore très insuffisant pour l'application envisagée puisqu'il faudrait aller jusqu'au stade blastocyte* (quelques centaines de cellules) afin d'obtenir les cellules souches nécessaires à la préparation de la greffe.

Des expériences interdites ?

Les expériences décrites ici ne pourraient pas être effectuées en France. Mais aux États-Unis, le clonage thérapeutique n'est actuellement pas interdit, du moins s'il est financé sur fonds privés ; en Corée, il est autorisé (et contrôlé).

Les laboratoires sud-coréens

Le travail publié début 2004 par plusieurs laboratoires sud-coréens s'avère autrement probant. Les auteurs ont traité au total plus de 200 ovules humains, en y injectant une cellule cumulaire* autologue ; presque tous se sont divisés au moins une fois, et 30 d'entre eux ont atteint le stade blastocyte. À partir de ces derniers, les cellules de la masse interne ont pu être isolées dans 20 cas ; finalement, une lignée de cellules souches a été obtenue. On peut noter le grand nombre d'ovocytes* employés, fournis par 16 volontaires non rétribuées : les scientifiques d'Advanced Cell Technology n'avaient pu disposer que d'une vingtaine d'ovules. Cela a permis de tester au total 12 protocoles différents, en variant les conditions de culture et d'activation des embryons. L'énucléation*, étape très critique si l'on en croit les résultats obtenus chez le singe rhésus, est effectuée de manière originale : au lieu d'aspirer le noyau de l'ovocyte dans une micropipette, les chercheurs ont pratiqué un petit trou dans sa paroi puis expulsé le noyau par une légère pression sur l'ovocyte. Enfin, l'intervalle optimal entre injection et activation semble être de 2 heures, et cette dernière est réalisée par voie chimique et non par un choc électrique.

Un long chemin

Les étapes à franchir pour aboutir au clonage thérapeutique restent nombreuses : arriver à cultiver les cellules souches en laboratoire, et surtout les pousser à se différencier ensuite vers le type cellulaire nécessaire à la greffe.

Un succès inattendu

Certes, le clonage thérapeutique n'est pas encore au point, il reste de nombreuses étapes à franchir avant qu'il puisse éventuellement devenir un procédé utilisable. Néanmoins ce succès, alors même que les expériences sur les singes indiquaient des difficultés particulières chez les primates, montre à quel point l'évolution technique est imprévisible et peut nous surprendre. Il nous rapproche de la faisabilité technique du clonage thérapeutique... et met en évidence que le risque d'un passage au clonage reproductif est plus élevé que l'on ne pouvait le penser fin 2003.

Le récent succès d'une première étape du clonage thérapeutique montre la faisabilité de cette approche – et souligne le risque d'un passage au clonage reproductif.

Le clonage humain est-il possible ?

Quel est aujourd'hui l'état des connaissances et peut-on évaluer la probabilité que le clonage reproductif humain soit réalisable ?

Une opinion en dents de scie

Après quelques espoirs au début des années 1980, la très grande majorité des scientifiques en étaient venus à penser que le clonage de mammifères (donc d'êtres humains) était impossible. La naissance de Dolly en 1996 a prouvé le contraire et le risque de l'extension à l'homme est apparu très sérieux, d'autant que ce succès n'est pas resté isolé et qu'une douzaine d'espèces ont pu être clonées. Néanmoins, l'efficacité du clonage est restée très faible : de ce point de vue, la technique n'a guère progressé depuis 1996.

La nature n'est pas parfaite

La procréation naturelle n'est pas exempte d'échecs : seul un embryon sur quatre arrive à terme. Les autres sont en général éliminés en tout début de grossesse, sans même que la femme en ait conscience : il s'agit essentiellement d'embryons présentant des anomalies chromosomiques. De plus, 2 à 3 % des nouveau-nés présentent des anomalies plus ou moins graves. Quant à la procréation médicalement assistée, son taux de succès est de 10 à 20 % par tentative.

Des conditions de sécurité inacceptables

En tout état de cause, les clonages animaux se font actuellement avec un taux de réussite extrêmement bas, tout à fait inacceptable s'il devait s'agir de procréation humaine : injection de centaines d'ovules*, implantation de dizaines d'embryons dans des femelles porteuses pour obtenir finalement un ou deux animaux – qui s'avèrent souvent souffrir, immédiatement ou à terme, d'anomalies plus ou moins graves. Pour que la transposition à l'homme soit envisageable (en dehors de toute question de principe), il faudrait que le succès chez l'animal soit systématique, qu'une gestation aboutie soit la règle et non l'exception comme aujourd'hui.

procréation | débuts | animaux

On en est très loin et 8 années d'expériences n'ont pas sensiblement amélioré l'efficacité du procédé.

Les primates résistent

À part une annonce en 1997 qui n'a jamais été confirmée, aucun singe n'a encore pu être cloné. Des travaux récents indiquent que, chez les primates, l'énucléation de l'ovule (l'enlèvement de son noyau avant injection d'une cellule pour réaliser le clonage) élimine des protéines indispensables pour assurer la bonne répartition des chromosomes* dans les cellules filles lors des premières divisions. L'embryon cloné commence à se développer, mais il périclite rapidement. Ainsi, le clonage de primates (et donc d'humains) se heurte à un obstacle méthodologique particulier dont la solution n'est pas en vue. Comme le disent les scientifiques concernés, « *le clonage de primates est impossible avec la technologie actuelle* ».

Attention aux conclusions définitives...

Le progrès scientifique est par nature imprévisible. Les barrières qui s'opposent au clonage humain peuvent rester en l'état très longtemps, peut-être même indéfiniment. Il est imaginable, au contraire, que des techniques efficaces soient mises au point pour assurer la reprogrammation du noyau introduit dans l'ovule, faisant du clonage animal une opération de routine et accroissant l'attractivité du clonage humain. Les résultats récemment obtenus par des chercheurs sud-coréens, qui – dans une optique de clonage thérapeutique – ont réussi à amener 30 embryons humains clonés jusqu'au stade blastocyte*, montrent que certains blocages peuvent être surmontés. Le clonage reproductif humain n'est pas imminent, mais il serait illusoire et dangereux de penser qu'il sera à jamais irréalisable – et qu'il est donc inutile de se poser la question.

En l'état actuel des techniques, le clonage humain apparaît quasi impossible, bien plus ardu que celui d'autres mammifères. Mais il n'est pas certain qu'il en soit toujours ainsi dans l'avenir.

Le clonage : un droit ?

Les arguments contre le clonage sont généralement bien connus. Mais comment ses défenseurs justifient-ils leur position ?

Des risques minimisés

Les très mauvais résultats actuels du clonage animal sont souvent oubliés par les partisans de son extension à l'homme, affirmant que l'on connaît mieux la gestation humaine que celle de l'animal, ou même que les « cloneurs » d'animaux sont incompétents. Les données scientifiques récentes vont dans le sens inverse, elles indiquent au contraire que le clonage de primates est encore plus problématique que celui des autres mammifères.

Une évolution normale de la technologie ?

Pour ses partisans, le clonage reproductif humain ne fait qu'ajouter un volet supplémentaire aux méthodes dont nous disposons pour lutter contre la stérilité et maîtriser la procréation. Ils font remarquer que des techniques aujourd'hui banalisées ont soulevé des tempêtes de protestations à leurs débuts, qu'il s'agisse de l'insémination artificielle avec sperme de donneur, de la fécondation *in vitro** (les bébés-éprouvette), de la congélation des embryons... ou même de la contraception hormonale. Ils considèrent donc que, dans quelques années, les interrogations actuelles sur le clonage seront oubliées et que ce procédé sera admis comme un moyen normal d'assurer une descendance à certains couples. Cette position fait l'impasse sur la nouveauté radicale du clonage, le fait qu'il définirait à l'avance la constitution génétique d'un enfant au lieu de laisser se faire le brassage naturel de gènes* qui aboutit à ce que chaque enfant soit unique et imprévisible, et non la copie (sur le plan génétique) d'une personne préexistante.

Une position laïque

Le Council for Secular Humanism (Conseil pour un humanisme laïque) a publié une déclaration contre l'interdiction du clonage reproductif, qui critique l'importance donnée dans ce débat aux institutions religieuses et recommande un « *développement responsable des techniques de clonage* ». Simone Veil, grande figure de la politique française et courageuse responsable de la loi sur l'interruption volontaire de grossesse, fait partie des signataires.

procréation | débuts | animaux

Une liberté fondamentale

Autre argument avancé en faveur du clonage humain : la liberté absolue dont jouirait tout couple d'avoir la descendance de son souhait par des moyens dont le choix ne regarde que lui. Assez répandue aux États-Unis, cette position se fonde sur une affirmation exacerbée de la liberté individuelle qui justifie aussi, dans cette nation, la vente libre des armes à feu ou une liberté d'expression s'étendant jusqu'aux propos racistes. Elle exprime une grande méfiance envers l'État et toute réglementation qui lui donnerait un droit de regard sur l'intimité du couple. Sans nier la valeur de cette notion de liberté individuelle, force est de reconnaître qu'elle rencontre des limites : dans le cas présent, le bien-être de l'enfant (il n'est sûrement pas anodin du point de vue psychologique d'être le jumeau génétique de son père ou de sa mère), et aussi l'intérêt de la société qui n'a peut-être pas besoin d'un brouillage supplémentaire de la structure familiale et des relations de filiation...

Et les jumeaux ?

L'existence de jumeaux naturels est souvent utilisée par les partisans du clonage pour affirmer que les clones existent déjà, qu'ils vont généralement bien et que ce n'est somme toute pas si terrible d'avoir exactement les mêmes gènes qu'une autre personne. L'argument est bien sûr totalement fallacieux : les jumeaux n'ont pas été faits « exprès », ils ne sont pas la copie génétique d'une personne préexistante et leur relation très particulière (et parfois problématique) découle d'un événement survenu par hasard au début de la gestation et non d'une volonté parentale.

Les arguments des partisans de bonne foi du clonage méritent d'être écoutés. Mais ils nient la réalité scientifique, évacuent la radicale différence entre clonage et procréation médicalement assistée, et se fondent sur une conception outrancière de la liberté individuelle.

Clonage et éthique

Le clonage humain : simple amélioration des techniques de procréation assistée ou « crime contre l'humanité » ?

Un mouvement continu

L'irruption de la science et de la technologie dans la procréation humaine – domaine « naturel » et intime s'il en est – est récente mais déjà massive. Les méthodes contraceptives efficaces, apparues dans les années 1960, se sont depuis généralisées et ont eu un effet important sur nos sociétés : condition de la femme, structure démographique... La fécondation *in vitro**, procédé inouï qui suscitait bien des oppositions lorsque apparut, en 1978, le premier bébé-éprouvette, s'est banalisée et est à l'origine de 1 à 2 % des naissances dans les pays développés. Le clonage reproductif humain n'est-il qu'un pas de plus dans cette maîtrise croissante de la procréation ?

Une opinion favorable

« Personne ne croit un seul instant que le clonage en masse sera un nouveau mode de vie. Il n'est qu'un outil supplémentaire dans la trousse du médecin » **(Michel Revel, généticien de renom travaillant en Israël, *Courrier international*, n° 390, avril 1998).**

Un incontournable impératif de sécurité

Dans les conditions techniques actuelles, alors que le clonage animal réussit moins d'une fois sur 100, avec une perte considérable aux différentes étapes, de nombreuses gestations interrompues, des animaux mort-nés et d'autres chez qui apparaissent plus ou moins vite des maladies graves, tout projet de clonage humain serait complètement irresponsable et condamnable de ce seul point de vue. Mais, comme la situation peut évoluer très rapidement en fonction d'avancées scientifiques inattendues, il reste indispensable d'envisager dès à présent notre attitude de principe face au clonage.

Un changement majeur

En fait, le clonage reproductif humain représenterait un changement majeur par rapport à ce qu'a été

procréation débuts animaux

jusqu'ici la procréation humaine. Un enfant, qu'il soit conçu naturellement ou « en éprouvette », résulte toujours de la fécondation d'un ovule* par un spermatozoïde*. La mécanique de l'hérédité fait qu'il reçoit des gènes* qui étaient présents chez son père et chez sa mère, mais dont l'assortiment est unique et imprévisible. L'enfant n'est pas la réplique d'un de ses parents, ni une « moyenne » entre les deux. Chaque être humain (à part les vrais jumeaux) est génétiquement unique, il résulte d'un assortiment de versions de gènes (ou allèles*) qui ne s'est jamais encore produit et ne se reproduira jamais. L'imprévisibilité de l'enfant est une caractéristique fondamentale de la procréation humaine, et un élément essentiel de sa relation avec les parents qui doivent l'accepter tel qu'il est (et non tel qu'ils auraient pu le souhaiter).
Le clonage, lui, aboutirait à la reproduction à l'identique d'un assemblage de gènes préexistant, celui du « donneur » de la cellule employée pour l'injection dans l'ovule.

Respecter la liberté de l'enfant

Prédéfinir l'ensemble des gènes d'un enfant par le clonage, c'est accorder bien peu de valeur à sa liberté, c'est probablement attendre de lui qu'il se conforme à un modèle : ce que certains appellent une atteinte à la dignité humaine ou même un crime contre l'humanité, en tout cas une entrave au développement d'un être humain autonome, libre et responsable. D'autant plus qu'il n'est sûrement pas anodin d'être le jumeau de son « père » ou de sa « mère » (au sens social) dans le cas le plus vraisemblable du clonage comme remède à la stérilité.
Ce respect de la liberté du futur enfant me semble être l'argument de principe le plus solide pour refuser le clonage reproductif humain.

Des arguments théologiques

Pour certaines religions, et notamment l'Église catholique, l'embryon est une personne dotée d'une âme dès l'instant de la conception. Cela entraîne naturellement la condamnation de toute forme de clonage comme celle de l'interruption de grossesse.

Le clonage reproductif humain serait, dans l'état actuel des techniques, totalement irresponsable du point de vue médical. Même si cet obstacle était levé, il constituerait une atteinte à la liberté du futur enfant et resterait pour cette raison inacceptable.

Le clonage et la loi

**Le clonage humain est interdit par la loi, croit-on souvent.
La réalité est plus complexe...**

Une activité fébrile pour de maigres résultats

Avec l'annonce de la naissance de Dolly, début 1997, la question du clonage reproductif humain devenait brûlante. Elle suscita immédiatement de très nombreuses déclarations condamnant toute tentative. L'opposition était générale, par principe éthique mais aussi en raison des risques encourus par la mère et l'enfant. Dans de nombreux États, à l'Onu, à l'Unesco, la rédaction de lois *ad hoc* fut entamée. Elles étaient nécessaires : les législations (comme la loi de bioéthique française de 1994) avaient été adoptées alors que l'on croyait le clonage de mammifères irréalisable, et n'avaient donc pas prévu cette éventualité. Pourtant, à la mi-2004, peu de nations ont effectivement promulgué ces textes : une quarantaine en tout sur 200, et le clonage reproductif humain n'est encore explicitement interdit ni aux États-Unis ni en France.

Le clonage thérapeutique brouille les pistes

Un observatoire international

Un site Internet bien documenté permet de suivre l'état des législations nationales et donne des informations précises sur chaque nation : http://www.glphr.org/genetic/genetic.htm.

Certes, le processus d'élaboration des lois est long et complexe : elles doivent en général être votées par deux assemblées, parfois à plusieurs reprises. Mais cela ne suffit pas à expliquer le retard constaté, qui tient en grande partie aux désaccords sur le clonage thérapeutique. Ce procédé vise à créer un embryon humain par clonage puis, à un stade très précoce (4 ou 5 jours de développement), à le dissocier pour obtenir des cellules pouvant traiter un malade. Certains y voient une piste de recherche thérapeutique prometteuse, d'autres le refusent pour différentes raisons,

procréation | débuts | animaux

notamment le caractère sacré qui serait attaché à un embryon dès le tout début de son existence. Ainsi, l'accord est quasi unanime sur l'interdiction du clonage reproductif, mais les avis sont partagés sur sa variante thérapeutique. Or les adversaires du clonage thérapeutique ont essayé, aux États-Unis comme à l'Onu, de profiter du consensus existant contre le clonage reproductif pour, du même coup, interdire l'ensemble des variantes du clonage. Ils n'y sont pas encore arrivés, mais cela a eu pour effet de bloquer l'adoption de toute législation. Une des quelques nations à avoir adopté et mis en vigueur une loi est le Royaume-Uni, qui a interdit le clonage reproductif et autorisé – avec un encadrement sévère – le clonage thérapeutique. En France, la loi qui devrait bientôt être (enfin) adoptée interdirait les deux procédés. Elle autoriserait néanmoins, sous conditions, certaines recherches sur des embryons existants (les « embryons surnuméraires* ») avec des buts assez similaires.

Faut-il absolument une loi ?

Est-il vraiment utile d'adopter une loi contre le clonage, compte tenu des possibilités de transgression ? Si le clonage humain devient techniquement possible, il est sûr qu'il se trouvera des personnes pour en exprimer la demande, et des scientifiques pour le pratiquer. Mais une loi ne perd pas sa valeur si elle est occasionnellement violée : elle exprime le consensus d'une société sur ce qu'elle trouve acceptable et ce qu'elle refuse. Le fait que des homicides soient parfois commis ne rend pas inutiles les lois réprimant le meurtre...

Un long itinéraire

La loi française a été votée à l'Assemblée nationale, puis – avec des modifications – au Sénat ; elle est donc repassée à l'Assemblée, qui y a encore apporté des changements. Fin 2003, elle est donc repartie pour le Sénat. Le temps législatif est décidément plus lent que celui de la recherche...

Les lois interdisant le clonage reproductif humain ne sont en vigueur que dans une minorité d'États. Ce retard – alors que la condamnation est quasi unanime – est dû principalement aux désaccords sur le clonage thérapeutique.

La bataille du clonage thérapeutique

La condamnation du clonage reproductif est massive. Pour le clonage thérapeutique, les opinions sont nettement plus partagées...

Superman est pour

Aux États-Unis, l'acteur Christopher Reeve (Superman au cinéma), aujourd'hui paralysé après une chute de cheval, est un des plus fervents partisans du clonage thérapeutique, qui pourrait permettre des greffes de cellules nerveuses et la réinnervation de membres paralysés.

Une technique qui fait débat

À l'opposé de la quasi-unanimité qui s'est faite contre le clonage reproductif humain, partisans et adversaires du clonage thérapeutique s'affrontent. Ce procédé vise à créer un embryon par clonage à partir d'une cellule d'un patient injectée dans un ovule* énucléé*, puis à le dissocier après quelques jours afin d'utiliser ses cellules pour soigner le malade. Il ne constitue actuellement qu'une voie de recherche, dont la faisabilité n'est pas démontrée, mais qui suscite d'intenses polémiques.

Une objection de principe, des risques de dérives

Sur le principe, ceux qui pensent que l'embryon possède une âme dès la conception (c'est le cas de l'Église catholique, du moins depuis que le pape Pie IX l'a affirmé en 1869) sont naturellement opposés au clonage thérapeutique. Sans épouser cette position dogmatique, il faut reconnaître qu'il n'est pas anodin de créer un embryon, même par transfert nucléaire*, avec l'intention de le détruire quelques jours plus tard. Certes il ne s'agit pas, comme certains l'imaginent, de faire grandir des êtres humains clonés pour ensuite prélever leurs organes : l'embryon que l'on dissocie est une microscopique boule de cellules indifférenciées. Il n'en est pas moins une « potentialité de personne humaine », autre chose qu'un simple échantillon biologique. Quant aux risques de dérives, ils sont assez évidents : un « boom » du clonage thérapeutique

procréation débuts animaux

(si le procédé s'avérait efficace) risquerait de favoriser un commerce d'ovules, qui existe déjà dans certains pays mais ne ferait que s'amplifier. Autre déviation à craindre : la tentation, une fois la méthode banalisée, de laisser un jour le développement de l'embryon se poursuivre, puis de l'implanter dans l'utérus d'une femme – en somme de tenter un clonage reproductif en profitant de la maîtrise des premières étapes acquise grâce au clonage thérapeutique.

Des partisans venus de divers horizons

Les malades, et leurs associations, sont dans l'ensemble très favorables au clonage thérapeutique : ils y voient, à juste titre, une approche qui pourrait déboucher sur des traitements radicalement nouveaux. Aux États-Unis, des entreprises se sont lancées dans la « médecine régénérative », le rétablissement de la fonction altérée chez un malade par une greffe de cellules. Le clonage d'embryons est un des éléments-clés d'une telle approche, et naturellement ces firmes militent pour que les recherches se poursuivent. Beaucoup de scientifiques, enfin, souhaitent continuer à explorer cette voie prometteuse et riche d'enseignements au point de vue fondamental.

La France est contre

La nouvelle loi de bioéthique française (non encore définitivement adoptée) interdit le clonage thérapeutique tout en tolérant la recherche sur les embryons surnuméraires*.

Une opposition multiforme, une issue incertaine

À part l'Église catholique, et de nombreuses Églises protestantes (surtout aux États-Unis), la coalition anti-clonage thérapeutique est assez hétéroclite : les partis conservateurs (comme le parti républicain de Bush) et les mouvements anti-avortement y côtoient des écologistes anticapitalistes opposés à toute manipulation du vivant. Le Royaume-Uni a explicitement autorisé (avec un encadrement très strict) le clonage thérapeutique, mais dans beaucoup de nations, les lois sont encore en discussion, à cause justement des désaccords sur ce second versant du clonage.

Le clonage thérapeutique – qui n'est encore qu'une hypothèse – suscite de très vifs débats. Paradoxalement, cela retarde l'interdiction formelle du clonage reproductif.

Glossaire

Acides aminés : molécules assez simples qui, une fois assemblées, constituent les protéines. Il en existe 20 variétés ; une protéine contient des centaines ou des milliers d'acides aminés assemblés le long d'une chaîne linéaire qui, une fois synthétisée, se replie pour prendre une forme caractéristique.

ADN : acide désoxyribonucléique, constituant majeur des chromosomes* et support de l'hérédité. La formule des protéines est codée dans l'ADN par la suite des nucléotides*, entités chimiques présentes sous 4 formes différentes (T, A, G ou C). Chaque formule constitue un gène* qui est recopié sous forme d'une copie de travail, un ARN messager*, lu ensuite dans le cytoplasme* de la cellule par un organelle* spécialisée, un ribosome*, afin de fabriquer la protéine correspondante.

Allèle : version d'un gène*. Nous portons tous les mêmes gènes disposés de la même manière le long de nos chromosomes*, mais ils ne sont pas strictement identiques au sein de la population. La plupart des différences n'ont aucune conséquence ; quelques-unes sont responsables de différences physiques entre personnes ; enfin certaines versions de gènes ne fonctionnent pas correctement et peuvent provoquer ou favoriser l'apparition de maladies héréditaires.

ARN messager : copie de travail d'un gène*, destinée à être « lue » par les ribosomes* pour fabriquer la protéine correspondante.

Autologue : qui provient de la même personne. Ce terme qualifie notamment un greffon provenant de la personne sur laquelle est pratiquée la greffe (peau de la cuisse utilisée pour traiter une brûlure au visage par exemple). Des cellules provenant d'un embryon cloné porteraient exactement les mêmes gènes* que le donneur du noyau employé pour le clonage et seraient donc génétiquement autologues.

Blastocyte : stade (5 jours, quelques centaines de cellules chez l'homme) auquel l'embryon constitue une boule microscopique renfermant des cellules totipotentes*.

Caryotype : examen microscopique des chromosomes* d'une cellule, permettant de déceler d'éventuelles anomalies (comme la trisomie 21 chez l'homme).

Cellule cumulaire : il s'agit de cellules (distinctes des ovules* et des ovocytes*) présentes dans l'ovaire et dont l'expérience montre qu'elles sont particulièrement efficaces pour le clonage. Cela tient sans doute au fait qu'elles se trouvent naturellement à la phase G0* du cycle cellulaire.

Chromosome : forme sous laquelle l'ADN* est organisé dans le noyau cellulaire. Il comporte une très longue molécule d'ADN à laquelle sont associées de nombreuses protéines. L'ensemble est très compact et sa structure détermine en grande partie quels gènes* sont actifs (« exprimés ») dans une cellule donnée.

Cytoplasme : une cellule est limitée par une membrane et comporte un noyau (qui contient les chromosomes*) et, tout autour du noyau, le cytoplasme, dans lequel se produisent beaucoup des processus nécessaires à la vie cellulaire.

Énucléer : retirer le noyau (qui contient les chromosomes*) d'un ovule* ou d'une autre cellule.

G0 (phase ou stade) : désigne l'état d'une cellule dont le cycle de division est arrêté et qui est en quelque sorte « en sommeil ». Ce stade semble particulièrement favorable au clonage.

Gène : portion d'ADN* qui porte l'information nécessaire pour fabriquer une protéine. Cette information est donnée par l'ordre dans lequel se suivent les nucléotides* (A, T, G ou C), qui constituent l'ADN. Les différentes versions d'un même gène sont appelées « allèles* ».

In vitro : se dit d'une manipulation effectuée en laboratoire, dans le verre d'une éprouvette, par opposition à celles qui se passent *in vivo*, dans l'animal vivant.

Méristème : amas de cellules totipotentes* présents en différents endroits d'une plante (bulbe, base des branches…) et capables de régénérer le végétal complet.

Mitochondrie : petite structure présente dans le cytoplasme* des cellules et qui y assure la production d'énergie. Les mitochondries contiennent un peu d'ADN* et quelques gènes* ; celles de l'embryon proviennent exclusivement du cytoplasme de l'ovule*, donc de la mère.

Nucléotide : élément constitutif de l'ADN*, c'est une molécule assez simple dont il existe 4 variétés : adénine (A), thymine (T), cytosine (C) et guanine (G). Les nucléotides sont assemblés de manière linéaire dans l'ADN* et c'est leur ordre, leur séquence, qui constitue l'information génétique.

Organelle : nom donné à différentes structures complexes présentes dans les cellules et jouant un rôle précis. Une mitochondrie*, qui comporte des dizaines de protéines et de l'ADN*, est un organelle ; un ribosome* également.

Ovipare : se dit d'un animal dont la reproduction est assurée par la ponte d'un œuf.

Glossaire (suite)

Ovocyte : nom savant de l'ovule*. L'ovocyte de type I est encore légèrement immature, l'ovocyte de type II est prêt à être fécondé.

Ovule : cellule sexuelle féminine, produite par les ovaires et possédant un seul jeu de chromosomes*.

Phénotype : ensemble des caractéristiques physiques d'un animal ou d'un homme, déterminé par ses gènes*, son environnement et son histoire.

Physiologie : ensemble des mécanismes assurant la vie de la cellule et de l'organisme.

Puce à ADN : système qui permet de mesurer simultanément le niveau d'activité de très nombreux gènes*. Une puce à ADN comporte, sur un support de quelques centimètres carrés en verre ou en silicium, des milliers de fragments d'ADN* correspondant chacun à un gène*. Mise en présence d'un prélèvement biologique, la puce à ADN fixe les ARN messagers* présents dans ce prélèvement et permet ainsi d'évaluer l'activité des gènes* correspondants.

Ribosome : sorte de machine-outil microscopique présente dans le cytoplasme* des cellules et qui assemble les protéines en lisant les instructions inscrites dans l'ARN messager*.

Spermatozoïde : cellule sexuelle mâle, produite par les testicules et comportant un seul jeu de chromosomes*.

Surnuméraire : les embryons dits surnuméraires sont ceux qui, obtenus dans le cadre d'une fécondation *in vitro**, ne font plus l'objet d'un projet parental et sont donc voués à la destruction au bout du délai légal de 5 ans.

Télomère : ADN* situé à l'extrémité des chromosomes* et dont la structure particulière joue un rôle important pour stabiliser ces derniers lors de leur duplication.

Totipotente (cellule) : capable d'évoluer vers n'importe lequel des 300 types cellulaires présents dans l'organisme adulte.

Transfert nucléaire : manipulation consistant à introduire dans un ovule* préalablement énucléé* un noyau (ou une cellule) provenant d'un individu ou d'une culture au laboratoire. C'est l'acte central du clonage, qu'il soit reproductif ou thérapeutique.

Transgénique : qualifie un animal ou un végétal dont l'ADN* a été modifié par l'adjonction d'un gène* provenant d'une autre espèce.

Bibliographie

Romans ayant pour thème le clonage

HUXLEY (Aldous), *Le Meilleur des mondes*, Pocket, 2002 (Nil éditions, Paris).
Première publication en 1932, un grand classique toujours d'actualité.

LEVIN (Ira), *Ces garçons qui venaient du Brésil*, Robert Laffont, 1992 (*The Boys from Brazil*, Michael Joseph Ltd, 1976).
Un excellent roman sur le thème, alliant suspense et vraisemblance.

Livres de vulgarisation sur le clonage

JORDAN (Bertrand), *Les Marchands de clones*, Seuil, 2003.
Panorama du clonage animal et humain, à jour début 2003.

KAHN (Axel), PAPILLON (Fabrice), *Copies conformes : le clonage en question*, Nil éditions, 1998.
Un tour d'horizon complet et accessible de la question telle qu'on pouvait l'appréhender en 1998, développant aussi bien les aspects techniques que législatifs.

RAËL, *Oui au clonage humain : la vie éternelle grâce à la science*, Québécor, 2002.
Émanant du prophète de la secte qui revendique la « paternité » du premier clone humain, un ouvrage fantaisiste et creux.

Articles de vulgarisation sur les aspects techniques du clonage

« Clonage : la nature résiste » (dossier), *La Recherche*, n° 334, septembre 2000, p. 28-40.
Dossier (adapté de la revue américaine *Science*) sur les problèmes techniques du clonage animal.

LANZA (Robert), DRESSER (Betsy), DAMIANI (Philip), « Le clonage de l'arche de Noé », *Pour la science*, n° 279, 2001, p. 46-49.
Repris de la revue *Scientific American*, un point sur le clonage d'espèces menacées.

Le journal *Le Monde* a consacré plusieurs articles aux tentatives de Severino Antinori, notamment dans les parutions du 20 juin 2001 (« Severino Antinori, accoucheur de miracles », par Catherine SIMON) et du 25 mai 2002 (« La naissance annoncée des premiers clones humains », par Jean-Yves NAU).

POSTEL-VINAY (Olivier), MILLET (Annette), « Comment ça va Dolly ? »

Bibliographie (suite)

(dossier), *La Recherche*, n° 297, avril 1997, p. 50-63.
Un bon ensemble d'articles sur les difficultés techniques du clonage animal.

RENARD (Jean-Paul), VIGNON (Xavier), « Le clonage : état de l'art », *Pour la science*, n° 279, janvier 2001, p. 40-45.
Par les spécialistes français du clonage animal (vache, lapin et rat), un tour d'horizon bien documenté.

JORDAN (Bertrand), « Chroniques génomiques. Clonage : et maintenant, un chat… », *Médecine Sciences*, vol. 18, n° 4, 2002, p. 425-427.
Petit panorama du clonage d'animaux de compagnie.

Articles généraux et livres sur les aspects éthiques et « sociétaux » du clonage

ANDREWS (Lori B.), ROSENOW (Laurie), « Le clonage humain hors la loi ? », *Biofutur*, n° 213, juillet-août 2001, p. 40-44.
Une présentation très centrée sur les États-Unis, qui discute de manière intéressante les différents aspects juridiques sans réellement conclure.

ATLAN (Henri), « Le " clonage " thérapeutique », *Médecine Sciences*, vol. 18, n° 5, 2002, p. 635-638.
Discussion pertinente et accessible de la problématique du clonage thérapeutique.

BOZZETTO (Roger), « Les clones dans les mondes " imaginaires " », *Biofutur*, n° 213, juillet-août 2001, p. 37-39.
Voyage à travers les avatars littéraires du clonage.

DEGOS (Laurent), « Les médecins face au clonage humain » (Point de vue), *Pour la science*, n° 279, janvier 2001.
Traite du clonage en général mais surtout du versant thérapeutique.

KAHN (Axel), « Le clonage thérapeutique », *Biofutur*, n° 213, juillet-août 2001, p. 45-46.
Une discussion très documentée écrite par un expert qui, tout bien pesé, se prononce contre ce procédé.

REVEL (Michel), « Plaidoyer en faveur du clonage humain », *Courrier international*, n° 390, avril 1998, p. 49.
Une prise de position en faveur du clonage humain.

ROY (Ina), « L'éthique du clonage reproductif », *Biofutur*, n° 213, juillet-août 2001, p. 33-36.
Une autre vision de ces questions.

VACQUIN (Monette), *Main basse sur les vivants*, Fayard, 1999.
Point de vue (très critique) d'une psychanalyste sur la procréatique et le clonage.

Sites Internet sur le clonage

Il suffit de taper « clonage » dans un moteur de recherche comme Google pour obtenir de très nombreuses réponses : beaucoup de sites Internet apportent des informations, sérieuses ou non, sur le clonage animal et humain. Il est plus qu'ailleurs indispensable de les aborder avec un esprit critique. À part les 4 premiers, les sites indiqués ci-dessous sont en langue anglaise.

Sites d'information sur le clonage

http://www.infoscience.fr/dossier/clonage/clonage_som.html
Des informations claires et simples.

http://www.cybersciences.com
Un ensemble de données sur la génétique et le clonage, bien présentées.

http://www.centre-lecture.com/home/article.php3?id_article=998
Une bibliographie française très complète et à jour sur le clonage animal et humain.

http://www.chu-rouen.fr/ssf/tech/clonagehumain.html
Portail ouvrant vers un large ensemble de « ressources » en langue française sur le clonage.

http://www.genetics-and-society.org/index.asp
Site général sur la génétique, mais qui traite aussi du clonage. Assez complet et plutôt objectif.

http://science.bio.org/cloning.news.html
Actualité du clonage, liens vers plusieurs dépêches par jour sur les aspects scientifiques et économiques du clonage. Très utile si on veut suivre l'actualité de près, assez technique.

http://www.roslin.ac.uk/
Site de l'Institut Roslin, où a été clonée Dolly. Complet et détaillé sur le clonage animal, bonne discussion de la question du clonage humain.

http://www.reproductivecloning.net/
Site pro-clonage, donnant accès à de nombreuses informations plus ou moins fiables.
Intéressant pour se faire une idée de l'état des groupes pro-clonage et de leurs arguments.

http://www.glphr.org/genetic/genetic.htm
Informations détaillées sur l'état des lois interdisant ou réglementant le clonage au niveau mondial (tableau par pays).

Sites Internet (suite)

Entreprises pratiquant le clonage animal

http://www.ppl-therapeutics.com/
L'entreprise liée à Wilmut et Campbell, « pères » de Dolly.

http://www.cyagra.com/
Filiale pour le clonage de bovins de l'entreprise Advanced Cell Technology.

http://www.viagen.com
Intervient dans différents secteurs vétérinaires et en particulier dans celui du clonage. Un bon site pour se faire une idée de ce qu'est le business moderne dans le domaine animal.

http://www.savingsandclone.com/
Entreprise impliquée dans le clonage de chiens et chats.

http://www.lazaron.com
Elle aussi promet de ressusciter votre compagnon...

Entreprises travaillant (aux États-Unis) sur le clonage thérapeutique

http://www.infigen.com
Entreprise qui intervient dans le secteur du clonage animal, des cellules souches humaines et éventuellement du clonage thérapeutique.

http://www.advancedcell.com/
Site de l'entreprise Advanced Cell Technology qui a pratiqué en 2001 le « *premier clonage (thérapeutique) humain* ».

Sites d'entreprises ou d'individus assurant pratiquer le clonage reproductif humain (sous toutes réserves !)

http://www.clonaid.com/
Filiale des Raéliens, prétendant (sans preuves à ce jour) avoir obtenu 5 clones humains.

http://www.genochoice.com/
Se présente comme le site d'une entreprise pratiquant le clonage humain, avec tarifs et délais. En réalité, c'est un canular assez bien construit.

http://www.zavos.org
Site de Panos Zavos, l'un de ceux qui revendiquent la pratique du clonage humain. Ce site permet surtout de constater l'hypertrophie de l'ego dont souffre ce personnage.

Index

Le numéro de renvoi correspond à la double page.

Dans la collection *Les Essentiels Milan*
derniers titres parus :

194 L'alimentation de demain
195 La Bourse sur Internet
196 Prévenir les catastrophes naturelles ?
197 Petite philosophie du bonheur
198 Les violences sexuelles
199 Les fonctionnaires
200 Entreprendre une psychanalyse ?
201 Le sommeil, bien dormir enfin
202 La laïcité
203 Les droits de l'homme
204 Les pharaons d'Égypte
205 Marx face à l'Histoire
206 Questions sur les Palestiniens
207 L'homosexualité, entre préjugés et réalités
208 La République
209 Les troubles du comportement alimentaire
210 Aristote, ou l'art d'être sage
211 Le Coran
212 L'Afghanistan, otage de l'Histoire
213 La guerre d'Espagne
214 La Renaissance
215 La liberté de la presse, un combat toujours actuel
216 L'anarchie, une histoire de révoltes
217 Victor Hugo, un écrivain dans son siècle
218 La géopolitique et ses enjeux
219 Céline, les paradoxes du talent
220 Prévenir les accidents technologiques ?
221 Les trafics du sexe – Femmes et enfants marchandises
222 L'engagement des intellectuels au XXe siècle
223 Les associations et Internet
224 L'aide au développement à l'heure de la mondialisation
225 Les Français sous Vichy et l'Occupation
226 Questions sur le divorce
227 Guide du Sénat
228 Les droits des femmes
229 La démocratie
230 La migraine : mieux la connaître, mieux la soigner
231 Le Tour de France, un siècle de légendes
232 La littérature érotique, ou l'écriture du plaisir
233 Le sida en Afrique : des réponses associatives
234 De Gaulle et le gaullisme
235 L'illettrisme : mieux comprendre pour mieux agir
236 L'eau : source de vie, source de conflits
237 Jung, la passion de l'Autre
238 Prévenir les catastrophes naturelles ? Les marées noires
239 L'Europe à 25
240 Colette ou la saveur des mots
241 Les États-Unis, questions sur la superpuissance
242 François Truffaut, l'homme-cinéma
243 L'Allemagne nazie, la haine au pouvoir
245 L'Europe, le cheminement d'une idée
246 Le bégaiement : la parole désorchestrée

Responsable éditorial
Bernard Garaude
Directeur de collection
Dominique Auzel
Suivi éditorial
Cécile Clerc
Assistante d'édition
Isabelle Seret
Correction-Révision
Claire Debout
Iconographie
Sandrine Batlle
Maquette et infographies
Idée Graphic
Conception graphique et couverture
Bruno Douin
Fabrication
Isabelle Gaudon
Magali Martin

Illustrations
Mati

Les erreurs ou omissions involontaires qui auraient pu subsister dans cet ouvrage malgré les soins et les contrôles de l'équipe de rédaction ne sauraient engager la responsabilité de l'éditeur.

ISBN : 2-7459-1382-4
D. L. septembre 2004
Aubin Imprimeur, 86240 Ligugé
Imprimé en France